南記行的乾貨傳奇

邱明琴 著

南記行原貌。

序

有勇氣提筆寫這本書，要感謝很多人，比如說常到家中來「探食」的孩子們的朋友和同學，他們飯後最常說的一句話是「林媽媽為什麼你不出書，出書讓大家知道料理原來可以簡單做，而且吃原味時，口中的感覺是如此充實啊！」又比如吃素的朋友們，看到我為他們準備的菜肴中少有再製品及添加物時，也會讚嘆「簡單的食材合併在一道菜中，居然也會迸發出火花來！」所以，我常常告訴朋友，食物對味，就暖胃了！

我寫這本書其實不僅是為了讓大家認識乾貨，教大家怎麼做乾貨料理，同時也是為了要紀念兩個人。一個是我的媽媽邱陳寶猜女士，以及為了「南記行」而捨棄了人生的各種機會，回到家中延續父母親經營的這個南北雜貨精神的大哥邱武雄。雖然「南記行」的兩代經營者都已不在，但南記行精神卻永遠支撐著我走過我這一生的時光。

媽媽、大哥坐鎮南記行。

從小在家中，不管在哪個角落看到媽媽，她都恭敬的對外婆細說今天的三餐：爸爸要吃什麼、成長中孩子們的食材如何搭配、夥計們的餐點要有魚有肉才會有好體力。當時來店裡當夥計的孩子，大多是家境比較拮据的，來南記行不出一個月，絕對是長肉又長高。許多家境不是很好的孩子被父母親帶來家裡學做生意，男孩子都是在兵役通知單來時，才從南記行從軍去的。女孩子就比較少了，但論及婚嫁的年紀一到，父親總會像嫁女兒一樣的歡喜，並給她們一筆嫁妝賀禮。比起他們自己的親人，這些夥計跟我們更像家人一樣的朝夕相處。

每個新夥計進家門的當天晚上，爸媽都會要家人聚一下，並告訴大家孩子的名字（當時來學做生意的夥計都是小學畢業就來店裡了），大家如何稱呼他，然後要他跟的是哪一位老夥計。相互打過招呼後，爸爸這時一定會再回頭叮嚀老夥計說：「給他吃，不要緊。」老夥計一定會大聲回答：「哉啦，我馬是安內走過來的。」（台語）看到這裡，讀者們不用感到納悶，這也是我家訓練員工的方法和精神之一。

淡淡寫來，我不禁淚水盈眶，想念這些陪著我家人共創南記行的「小朋友們」以及長大後當兵完又回到南記行再創事業的「大朋友們」，想念爸媽窩心善待人的精神……父親在家中是長子，一直很會照顧家人，所以小學畢業後從新竹南寮海邊的務農子弟到新竹市學做生意。聽說小時候的父親瘦小、幾近營養不良，但當學徒時也沒因瘦小而少做事，反而勤奮向上，努力爭取機會贏得老闆信任。稍長才有比別人多的機會出來自己做生意，成就南記行的事業！

因為應酬多，父親年輕時肝就不好，再加上勞累，六十歲出頭就往生了（前年剛好是父親的百年）。後來店務落在大哥身上，從放棄考上的公職，到私人公司任職不到兩年就被召回「南記行」的大哥，從來沒有口出惡言過，對母親的孝順及弟妹們的照顧無微不至。

我初中時因為熱衷運動，學業不怎麼樣，考高中時卻已有台北十信商職在向我招手（當時是國泰籃球隊的搖籃），但嚴厲的父親怎樣也不答應。還記得報到當天，我哭得跟淚人兒一樣，大哥偷偷回到家中用腳踏車載我飛奔到車站，兩人趁著爸爸午休，搭火車北上，輾轉換車到了北投車站已經下午三點多，趕緊向蔡老師報到再回新竹。那時已經晚上八點，父親鼓著腮幫子，漲紅著臉賞了我和大哥兩個耳光，我和大哥還在大廳跪了一個多鐘頭，當時大哥已經為人父，但為了我的未來，他違背了一向敬畏的父親，這恩情我一輩子記得，雖然我後來進了學校不到一個月因背傷而改打壘球，但大哥的愛護永遠也忘不了。

這就是為什麼我到這個年紀還要寫書的原因，除了上面的幾個小故事，還要感謝這一生走到這個階段，經歷了許多人生困境時，共同扶持的朋友。每個人的一生都很精彩，只是如何在黑白時，來上一筆色彩，一切都要感恩我人生的善因緣。此時，更要感謝聯經出版公司以及芳瑜的耐心和鼓勵，沒有你們，我這本書應該早就石沉大海了！

最後，要感謝我的子女及親朋好友們，感謝他們一路的鼓勵、提供資料，這本書才得以精彩完成！

新芳冰菓部

目次

第一章 記憶南記行

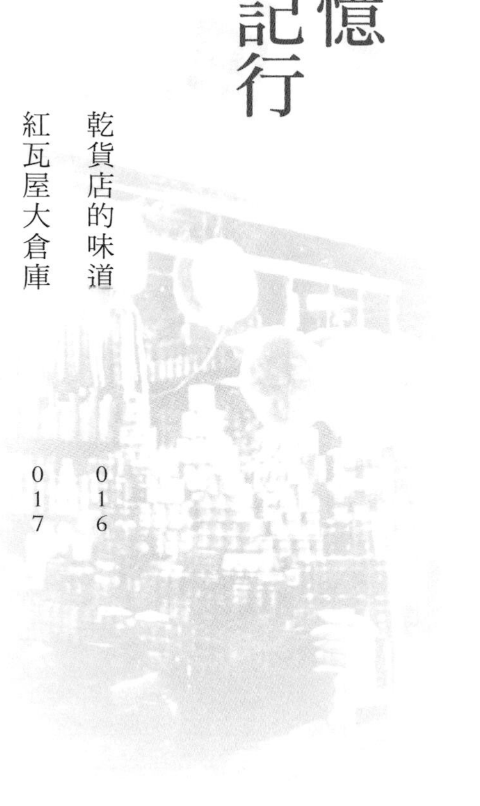

第二章 常用的乾貨

第三章——我家的乾貨食譜

第一次進到自家的南記行店鋪，迎面而來的就是那股熟悉而難以言喻的味道！從此我的人生就和這股「味道」結下不解之緣！

第一章——記憶南記行

乾貨店的味道

人來人往的南記行。

在民國三、四〇年代，柴米油鹽醬醋茶開門七件大事，除了「柴」之外，其他六種物資都跟雜貨店有關，而我們家尤以販售乾貨為大宗。

記憶中，從小只要是爸媽和姐姐們抱著我，立刻會聞到他們身上有股相同卻不知如何形容的味道。

長大一點之後，爸爸媽媽會帶著我到東門市場（新竹市）我們家經營的店鋪，店裡擺滿了琳瑯滿目的貨品，有一面牆的櫃子擺滿了分類好的罐頭和各式各樣的醬料，斗櫃中則放滿糖類（如白糖、黑糖、冰糖、二砂糖）、粉類（如麵粉、太白粉、麵包粉、地瓜粉）、麵類、乾貨！地上置放了許多桶子，也是擺滿了各式各樣的豆類（如黃豆、紅豆、綠豆），曬乾了的魚翅、魚皮，一袋袋的大小香菇、筍乾、榨菜（陶甕裝的），大冰櫃裡還存放了蝦米、干貝、烏魚仔……，不勝枚舉。

第一次進到自家的南記行店鋪，迎面而來的就是那股熟悉而難以言喻的味道！從此我的人生就和這股「味道」結下不解之緣！

紅瓦屋大倉庫

我們家位於中正路上，離北大教堂不遠，從著名的風景區十八尖山俯瞰，會看到最明顯的紅瓦屋是大教堂和我家的紅瓦屋洋房。在當時，算是新竹非常特殊而耀眼的建築物。這個家讓我從小到大、到現在老了也念念不忘。

我家是紅瓦屋大倉庫。

打開我家大鐵門，有個大通道直達洋房。這通道上的距離可停四、五部貨車，兩旁全種了扁柏，所以鐵門外就可以先聞到扁柏悠悠的香氣；再加上茉莉夜間飄香，我們一整天就處在非常美好的氛圍中。樹和樹之間，有顏色鮮艷的迎春花，及黃澄澄的菊花，隨著季節展現它們的姿色。再加上往裡更有春天讓人嘴饞的桑椹、一年四季都有的木瓜和芭樂、中秋前後的柚子和檸檬、入冬後的橘子，這些果樹在開花時，常惹得蝴蝶、蜜蜂來「採頭」（吸取花蜜）。

這將近六十坪大的花園，也是路人常佇立觀看、小朋友爬圍牆偷採桑葉養蠶的好地方。家裡的果樹一旦結實累累，阿嬤就開始展現她老人家的好手藝：用桑椹、葡萄做果醬、釀酒，芭樂切片曬成果乾，冬天放在爸爸店裡暖爐上煮成「芭樂茶」，哦～真是令人好想念的口味！柚子皮洗淨晾乾，加砂糖煮成柚子糖，然後用玻璃罐裝起來，一年四季都可拿來當零食哄小孩。

有一次，當外婆釀好葡萄酒，要開缸取出葡萄、把酒裝瓶時，忘了將取出的葡萄收好。結果二哥跟我偷吃了一碗已瀝乾、卻仍帶著飽滿酒氣的葡萄，醉倒在倉庫裡。大人們發現我們時，已經足足睡了六小時，滿身酒氣推也推不醒，一直到隔天早上才醒過來。父親一氣之下，將圍牆下的葡萄棚架全拆了。從那年開始，我們家就再也沒有釀過葡萄酒了！想想小時候，雖然比其他同學忙一點，做的事情也多一些，但是賴在外婆身邊總有得吃，卻也讓我們這些孩子們相當滿足。

也因為有這樣的居住環境，所以才有電影公司會透過爸爸基隆的朋友來借拍外景，而且二哥長大後也經常在家開舞會。當時我們家在新竹還算是門風開放的，尤其是二哥高中時就離家，改讀軍校。在海軍陸戰隊時，曾受蔣

調皮的我與二哥。

緯國將軍賞識，想納入他的貼身侍衛行列，但被父親拒絕（因為當時我們全家大小所有的人都被調查），想到他的這一段往事，著實也讓家人替他操很多的心。但軍中規律的生活改變了他的個性，尤其是娶了在高雄的二嫂後。夫妻倆剛結婚時（二哥當時已退伍），也曾在南記行幫忙了幾年，但終究不是二哥的興趣，而另創事業去了。

而從學齡前就在南記行的薰陶下，凡事都獨立、靈活的我，小學四年級就被父、母親信任並重用。我曾從新竹到台北的迪化街，向進口批發商進貨、訂貨。由台北後火車站走向圓環，會經過表姐家開的服裝訂做店：「皇星西服」，我一定要先報告已經來到台北，讓家人安心。再從圓環到迪化街前，告訴「生元藥行」（老字號的中藥材批發商）的老闆，父母親不能來台北，並把訂單給他，有時還會獲得他們的嘉許，請喝一杯菊花枸杞茶。淡淡的菊花香和枸杞的甜味，真是消暑的好口味，還配上獎勵的仙楂片哦！在當時這可是頂級的零嘴呢！

初生之犢不畏虎，常有長輩形容我的膽子真是比男生還要大！在迪化街的老店家訂完貨，我一定會去「光泉」老店喝杯米漿、吃個糕點。或從迪化街的市場步行到延平北路「義美」餅行，吃一塊店裡的「訂婚餅」或義美的有名糕點（當時非常難得品嚐到的香酥皮餡，摻著冬瓜糖和葡萄乾，加上少許的肥肉，

「義美」餅行。
（義美食品公司提供）

人聲鼎沸的老圓環已成回憶。
（小春園提供）

真是口齒留香），當時稀有的霜淇淋，也是另一種人間美味。若去吃皇星服裝店隔壁的「小春園滷味」，小春園阿嬤有時還會多給個雞翅什麼的，那白鐵皮做的大容器裡盛放的滷味，也影響了我以後的飲食偏好！這些重要任務完成後，我還會跟表姐和阿姨撒嬌，請長輩跟爸媽多要幾天假期，讓我可以和媽媽娘家的表姐妹、小兄弟們多玩兩天。然後阿嬤也會趁這個時間到台北來和她老人家的姐妹淘們聚聚。如果老人家能來，就表示我在台北的假期最少還能增加個幾天。像這樣寒、暑假的歡樂假期，也是我熟悉台北買賣、交易和文化的基礎。

寶珠阿嬤的滷味對我影響很大。（小春園提供）

雖然我很好動，但小時候身體並不好，是台大醫院的常客。當時不知道自己得什麼病，稍長後，才知道我有常昏倒的毛病。爸媽要按時間固定帶我回診，所以這也是我一直比別的同學有機會上台北的原因，而父母親也會依照回診的

光泉糕餅店（光泉牧場公司提供）

時間安排和上游廠商看貨、訂貨的行程（此外，父親個性很四海，常常為朋友兩肋插刀、奮不顧身，只要到台北，也常常有牌局、聚餐等著他）。這些行程對於一個尚未上小學的小女孩而言，很有趣、也是學習，也影響了我生活習慣的養成，所以我也比一般同學都要老成。

經過花園的通道，直接到玄關，要上玄關前得爬六個臺階。然後這個大玄關將近六坪大，經常擺滿了要做皮蛋、鹹鴨蛋一簍簍的未經挑選的鴨蛋；最常坐在那兒挑選，做前置作業的是二姐及我，伶俐的二姐，經常是一邊聽收音機，一邊看小說（學校要考試時，膝上的小說就會變成學校的課本）。手上還能邊敲著蛋，邊挑選出最完美能做皮蛋的好鴨蛋，二姐真的太厲害了。

走過玄關，拉開玻璃門，是我們家的大廳和客廳。記得東門市場遭逢火災和氣爆災難時，一樓大廳曾開放給當時的市長陳玉琨、店家們作為重建的協調場地，一時家裡人來人往，彷彿政商人士的交流中心。

大廳兩側各有一個大房間。客廳裡側往二樓的石梯，爬上去先看到的是二樓大廳擺著乒乓桌和一組藤椅，有時哥哥姐姐們的同學也會相約來打球。

二樓大廳正面及右側的外面都有將近十坪大、方正的陽台。

紅瓦屋內除了有寬廣的做皮蛋、鹹蛋工作室，也有儲存了瓶瓶罐罐、南北乾貨的倉庫。裡頭還有辛勤工作的父親、樂於分享食材資訊給顧客的母親、親切愛護家人的大哥大嫂、溫柔婉約的大姐、勇於突破現狀的二姐、經常出新點子讓人摸不透的二哥、默默守在二哥身邊的二嫂、頑皮又善解人意的我、一心一意守護家園的外婆，我們一起成就、維繫了南記行在新竹七十二年（民國二十六～九十八年）的基業。當然還有一路陪著家人辛苦工作的夥伴，以及不斷支持南記行的上游廠商，而最重要的是那些令人懷念的主顧們。

都市計劃後，經國路通過我家前院的花園，庭院幾乎切掉了三分之一，屋外的田野不見了，春天晚上火金姑的亮光不再出現，夏天田裡的蛙鳴也聽不到了，接踵而來的是高樓大廈逐漸取代了周圍的平房。

老家已面目全非，只能從僅存的（紅色變成）黑色的日式屋頂略窺一二。

南記行的生意經

那個年代，台灣經濟才要起飛，一般家庭的收入並不是那麼充裕，所以店裡有本簿子是給熟客買東西賒帳用的。記得賒帳本中，老是有些熟悉的名字，長大些時，有一次好奇的問爸爸為什麼他們要欠帳，為什麼不送給他們就好？爸爸當時的回答至今都讓我玩味不已，老人家說讓他們欠帳是因為人總有不便的時候，他們很努力工作，總有一天會成功！給他人生路就是給自己機會。至於為什麼不送給他們就好？老人家更有智慧的告訴我：「讓他們有能力欠款，更甚於無能力償還。」當時年紀小，不知道這句話的涵意，等到長大了，才知道爸媽對客人的仁德厚道！

南記行原址在這裡。

現在的新復珍。

許多年後父親往生，媽媽還曾針對此事訓示我們：「來欠款買貨的人都已經很沒有尊嚴了，他們是鼓起了多大的勇氣才敢開口，更何況將東西送給他們，是一種施捨而不是一種鼓勵，若讓客人全沒了面子、尊嚴，他們就從此再也不會踏進南記行了。」老人家的一番話，讓我後來在自己人生的過程中受用無窮。

父親帶夥計的方法是學來的，也蠻能呈現那個時代的敦厚人情。

他年輕時在米廠學做生意，沒有現成的食品可吃，工廠一眼望去全是不能入口的米，但自己成家立業後做的是各種乾貨俱備的南北貨店，來學做生意的夥計們初到店舖時會被這些貨品嚇壞，好奇心作祟和貪嘴的結果，店裡的食材常會失蹤。父親親自送蛋到「新復珍」餅舖時（新竹城埕廟旁老店，這時期新竹的中式點心龍頭是新復珍，西式糕點則是中正路上的美乃斯，他們的蛋塔、咖哩餃、菠蘿麵包到現在還是令人想念），馬上恭敬的向老闆請教這個問題，哪知老闆笑著說：「給他吃，吃到飽，吃到怕，他就不會吃了！」父親恍然大悟，因為餅店的誘惑比我們南北貨店更大，每天烤餅和做糕點都香得不得了，小學徒哪經得起誘惑，所以老闆不怕你偷吃，而是要讓你吃到最後自己都怕了。

因此家中的三餐一直都很豐盛，加上外婆和媽媽又是料理高手，所以當學徒要從「南記行」畢業時，一定會再介紹自己的親朋好友來，甚至去當兵時填寫的聯絡處都還是寫我家的地址。

我懂得看磅秤是將近六歲時，家人在店務忙不過來的時候，會讓外婆帶著二哥和我一起去店裡幫幫小忙，找錢、拿帳本給客人簽字、秤秤小東西，一斤糖、半斤鹽的，紅豆、綠豆、花生、黃豆更是不在話下。

當時讓我至今記憶猶新的，就是常來店裡買東西的客人帶來的小朋友，爸媽會塞顆冰糖或給根肉桂棒什麼的，讓小孩安靜下來，以免吵到大人的交易，然而大人們往往忽略那一桶一桶五顏六色的各類豆子，才是孩子們到店裡來的目的！

現在的美乃斯。

改建後的東門市場已不像以前那麼熱鬧。

孩子們的豆子遊戲

這些孩子們趁著大人不注意時，抓把紅豆往綠豆桶中塞，又將綠豆抓一把扔到黃豆桶裡，最後就是花生撒在不同的容器裡，天哪！當大人們發現遊戲已造成不可收拾的豆類大拼盤時，往往肇事者早已逃離現場；最後收拾殘局的，往往是二哥和我，因為當時我們年齡最小，能分配的工作就是大人們認為最麻煩又無奈的事。可是，和二哥一起整理的當下，我們也會和其他的孩子一樣，和著豆子又玩一次五顏六色的大拼盤遊戲，直到爸媽喝止，我們才會快速挑出各種豆子歸類好，讓「它們各自回家」，恢復原狀。這是童年的快樂時光。

誰來和我玩豆子遊戲？

南記行的豆子遊戲，也是很多孩子們的快樂童年！還記得有一次陪大嫂到台北三總看眼科，她的主治大夫是張正忠醫師，不知怎麼的聊到同是新竹人，又是新竹東門市場南記行第二代經營者的大哥、大嫂，張醫師（現為奧斯卡眼科院長）笑咪咪的告訴我們，童年的他最喜歡假日陪母親到市場的兩個原因，竟然是我們鋪子裡的「紅豆摻綠豆」遊戲，和大哥、大嫂給他的冬瓜糖了！說到這裡，上了年紀要開刀的大嫂已經忘了緊張，大家笑成一團，當時乾貨店和客人之間美好的互動真是令人回味。

南記行忙碌的一早

南記行繁忙的時間從清晨五點就開始，爸媽是第一批到達店裡開門的人，第二批是住在我們家裡、從小就被家人送來我們家學做生意的夥計們，陸續到達的是大哥、大嫂，二姐也會在上課前幫著鋪貨、量秤貨品，大約早上七點左右才離開店鋪，趕著去學校唱國歌升國旗。

新竹商校的教官是我們很熟的老顧客，禮拜天來南記行買東西時，往往第一句話就是以外省腔的台語跟我媽說：「南嫂，妳們家的孩子實在太乖了，這禮拜又遲到三天，早上不能讓他們早點離開店裡嗎？罰站不好受耶！」當時常被罰站在校門口的三兄妹，聽說還挺有名的！有責任感的大哥、溫柔婉約的大姐，做起事像男人婆的二姐，都是邱家當時精神的代表。

早上最忙可分兩個階段，一是國軍訓練中心，當時有新竹關東橋、頭份斗煥坪、關西伙食團，都是凌晨四、五點鐘就到市場採買，份量很大；常常都是老兵帶著新兵，老兵往往操著讓人丈二金剛摸不著頭腦的家鄉話，拿著讓店家眼紅的訂

大哥、大嫂齊心經營。

購單和老闆討價還價，新兵在一旁幫著翻譯和再次的議價，雙方一來一往的廝殺一番，終於說好了價格，此時爸爸開始指揮工人該秤東西的秤東西、補貨的補貨、包裝的包裝，運送是最後的階段，並且在軍車前一一核對過食材的項目、數量無誤，才一手交錢一手交貨。更有些時候，伙頭軍們不方便時，爸爸也會讓他們賒帳（這在當時是不被允許的，若被部隊知道是要辦人的）。

日子久了，爸爸對那些年少就離家的老士官長頗多照顧，過年過節請他們來家中喝喝老酒、吃吃外婆和媽媽的「手路菜」（台語發音）。他們常會在酒酣耳熱時打開話匣子話當年，這一開始可不得了，常會說到天亮。小孩子如二哥和我都是話當年的好聽眾，不是聽很懂的話和很遙遠的往事，卻是我們和大人一起「混」的最好機會。

忙完清晨第一波，爸爸和夥計們便用最快速度安心的吃早

男人婆二姐。

餐，因為這時第二波要來的新竹縣市各大餐廳老闆或主廚、大廚、「總鋪師」（台語發音），就開始陸續出現在市場裡了。他們手裡也握著大把訂單，所以只要駐足在哪家鋪子前，那家店主人一定會迎著笑臉連忙靠過去，引導客人看他們喜歡及需要的貨，大家彼此議價再下單。

媽媽做生意兼學廚藝

我的媽媽是聰慧的賢內助，在議價的過程中，她偶爾會插些話，稱讚師傅的手藝好、料理的手法創新，當師傅被這些讚美的話語捧得暈陶陶時，媽媽便會請教他許多烹飪的「眉角」（台語發音）。例如，佛跳牆中的豬筋要用冷油爆過；魚鰾用粗鹽燒烤後，一起放入鍋中翻炒，等膨脹到一定的程度，就可以拿來放涼備用，既可去腥又沒油耗味；乾海參要煮泡到七倍大，且浸泡的過程不能滴到任何一滴油，不然海參會爛掉；去骨的雞腿如何綑綁、浸

「南嫂」是媽媽的外號。

泡紹興酒成為美味的醉雞；好吃的粉肝要將肝的血水全擠掉，用大蒜和醬油泡多久、蒸多久才會成為上等的台味菜……諸如此類。

媽媽有時更是用心的將料理的做法用日文記錄下來。（母親是受日本教育，當時常看到她去租許多日語書來看，並和許多老兵學中文，不久後就又看到她也能用中文來記帳，學習能力真是非常令人佩服。）長年累月接觸下來，只要「總舖師」出現，訂單上的份量搞定，媽媽便能知道當日他要做什麼料理，辦幾桌宴席！

每個師傅的料理手法不同，使用份量也各有主張，例如魚皮的使用，台菜師傅和辦桌總舖師外燴時就各有千秋；香菇有野生的和日本進口的花菇，只要菜單上指定是日本花菇，便知道這桌菜很高貴；乾鮑以「平肚鮑」（台語發音）最貴，罐裝墨西哥鮑魚，我還記得是當時不少經濟狀況良好的客人家中拿來煮粥的東西而已，殊不知如今已成「貢品」，珍貴到不行。

總之，林林總總回想起來，「母親」在當時的南記行扮演著一個不可或缺的角色，且好學、好客，如男人氣概般的個性，是支撐南記行這個小雜貨店擴大成乾貨批發鋪的重要人物。當時老人家還叮嚀絕對不要偷斤減兩，萬一大廚們的料理因我們的貪心有了誤差，少了食材，少了美味，叫南記行如何在新竹「站起」（台語發音）？

東學西學的媽媽因此練就了一身好手藝，有時父親的客戶、朋友從各地來，三、五十人的餐食都難不倒她，「南嫂」的名氣越來越響亮。

東門市場素描

而此時的我是讓外婆帶著、才要準備去幼稚園的孩子，因為時間還早，母親會請外婆讓我在店裡待個把鐘頭，有時老人家會帶著我順便採買些家裡要的水果或肉類；在菜販和肉攤前，客人總會和老闆討論天氣，問好、問吃飽了嗎？然後討價還價，買多了送些蔥或肉皮的，這在市場中是多麼熟悉、溫馨的畫面。

而市場裡此時也充滿了三姑六婆，因為孩子們去上課後，可是大家互通消息、談天說地的好時機，例如，「陳家媳婦又生了個女兒，唉！第四個女兒，婆婆臉色不好，月子只吃煮蛋可沒給過雞酒。」、「林家長子四十六啦，才要娶親，說是來沖喜的。」、「許家

市場是訊息交流的好地方。

婆婆六十大壽，席擺六十桌，子孫滿堂，好命的啦！」、「張家爺爺又納妾了（現在的小三），聽說還有兩個拖油瓶。」……諸如此類。市場是資訊匯集地，也是消息散播的場所，東家女兒的泡菜好，西家阿姨甜點一級棒，邱媽媽家鄉口味菜可開館子，李叔叔的包子、饅頭Q彈最入流……，也是學習的好處所。

所以在那個當下，乾貨店也扮演了一個客人之間的橋梁角色，哪家館子甚麼菜好吃；哪個總舖師傅手藝好、價格又開得公道；家庭主婦想學什麼料理，小菜搞不定，來到南記行總是有答案，笑咪咪的回家。隔些時日店裡若有客人送料理來加菜，都是客人們學會後好心來報答的，這些互動在大市場隨著歲月逐漸的興起又式微！

以前家裡吃飯人口最多時可達兩桌，而且要分成兩批，菜飯從家裡送到店裡往往都涼了，如果是夏天也還好，要是冬天，爸爸媽媽一定用店裡終日煨著的日式暖爐來熱菜飯，老人家都親自添炭火，平日也常放著煮開水，讓夥計們從外頭送貨回來有杯熱騰騰的茶水可以喝！有空時還會烤魷魚，請來店的客人吃。那烤魷魚的香味，直到今天我都未曾忘記過，暖暖的、溫馨的，南記行特殊的乾貨店味道。

最後一個夥計阿富（吳德富）出師後，經營起自己的乾貨店，一直感念兩位老闆的好。

由於店務繁忙，我們家孩子幾乎都是外婆一手帶大的，爸媽整天在店裡打點生意，生在蘆洲李家大宅的外婆，因為只有媽媽一個寶貝女兒，本來外公是希望招贅的，但因父親是長子而不可能，兩家家長本來互不相讓，但終於還是愛情戰勝了親情。於是，遠嫁新竹的媽媽開始成為邱家長媳，南記行要成立時，媽媽懷孕待產，心疼女兒的外婆只好跟著到新竹來照料大哥，讓爸爸媽媽安心發展事業。

照顧全家的外婆

在南記行的發展中，外婆是不能不提的一個典範女性！外公過世後，外婆就一直長住邱家，張羅我們一群孩子的生活起居，更是店裡三餐的大廚。她每天比爸媽更早些時間起床，等爸媽要出門前，已經為女兒女婿準備了熱茶或熱粥先暖暖胃；然後大哥他們一夥人第二波出門後，她又打理瑣碎的家務，讓家裡女傭來時能銜接午餐前的準備；接著就是帶著我去市場逛一圈，買買菜、補充家中需要的食物。

等我長大一點，還帶我去上幼稚園，她那敏捷的步伐、硬挺的身影，至今還會出現在我記憶裡。外婆雖忙，卻總把自己打理得光鮮亮麗，永遠梳得油油亮亮盤起來的頭髮，配著素色長衫罩著長褲，要不就是素色旗袍搭著背心或外套。在大家都出門後，她會要我一起在梳妝台前看她拿著髮油（大都是有著清香味道的茶油）輕抹著頭髮，然後熟悉而快速的盤起一個髮髻。偶爾也會變變不同的形式，但那都是在她比較空閒而心情又特別好的時候。新竹出

外婆硬挺的身影（右一）。

產的竹丸蜜粉是當時女性時髦的象徵，臉上抹好白白的細粉、噴上花露水後，她對著鏡子端詳片刻便立即起身，牽著我的小手出去，開始一天的勞碌。一直要到晚上等父母親店裡打烊，回到家中大家熄燈休息後，才會看到她房裡的燈暗了，她老人家永遠都留著一盞燈給後人，有如照亮著我們的明燈。

上菜市場時常想起外婆。

外婆的私房菜

外婆的這道蛋料理超下飯。

在外婆身邊打轉也讓我從小就嚐遍了她的私房菜、甜點、過年過節必備的大菜。由於我家是自己做皮蛋和鹹蛋的批發商，家中永遠不缺的就是「蛋」，以前在學校吃午餐時，最怕的就是打開飯盒一股「蛋」味衝上來，但這卻是同學們的最愛，菜脯蛋、滷蛋、蔥蛋、鹹蛋滷肉……各式變化的蛋蛋料理常常讓同學垂涎三尺。更還有一道我至今尚未學到的

「小腸蒸蛋」，常看到外婆將小腸洗淨刮薄，將調好比例和香料的蛋液灌到小腸裡，再將小腸邊灌邊挪成一段段，然後放到蒸籠蒸，熟後可涼涼的吃，我的同學將此視為珍品。後來大家相聚時也常念著老人家的蛋蛋料理，和她數不盡的精彩點心呢！

端午節的粽子，過年的湯圓、年糕、發糕、芋頭糕、菜頭糕、鹹甜糕……，如今想來都讓人口水直流！做粽子時，光粽葉就要洗、泡、浸兩天，甜粽用圓糯米，鹹粽是長糯米，香菇、油蔥、五花肉缺一不可。北部的粽子是將米炒過，香氣十足；南部粽是水煮的方式，滑口軟Q，靠的是私調的沾醬，各有不同的特色。過年蒸發糕的時候更是要一氣呵成，蒸得好，今年的生意就「一路發」，所以在做發糕時，外婆常常唸唸有詞，並將小孩都請出廚房，閒雜人等不得進入；等各種糕蒸好後，她老人家還會低頭虔誠、虛心的感謝一番，此時黑糖的香甜味和鹹糕芋頭香、蘿蔔香、香菇和油蔥香，已經在房屋中四處飄盪，充滿著年節的歡愉。然後媽媽會從店裡將烏魚子、魚翅、香菇、蓮子、海蜇皮、香腸、臘肉、粉皮、冬粉、各式的罐頭……以及一些最具代表性的年貨搬回家中，此時是學媽媽或外婆拿手大菜的最佳時間，蔬菜、水果的浸泡、醃漬的方法在這時也可以學到很多。

全家一起顧店

年節到了，家中人手會增加很多，表哥、表姐、阿姨、嬸嬸都會自動來報到，連我這個四、五歲娃兒都會到店裡尬一角。印象中最深刻的是媽媽老是要我在賣冬粉和海參的位置中間擺上一個小板凳，讓我坐著一邊盯著客人挑海參，另外一邊看著要買冬粉的客人。大冷天的，冰凍的海參往往讓我的小手僵硬，

手粗糙了，回憶卻是甜美的。

紅通通的卻也不覺得苦，但碰到硬梆梆的冬粉時，常戳破我的手掌和手指頭。

以前的粉絲，不像現在的一包包裝好，都是用「鹹草繩」（台語發音）捆一大包，客人要多少，再用剪刀依份量剪下，然後用磅秤論斤兩，這時才告訴客人他買的冬粉是多少錢。如此反覆，一下在冰塊中撈起海參裝在塑膠袋裡，一下又包紮著粉絲，有時遇到好心的熟客人，他們會幫我紮粉絲，一邊笑罵著跟媽媽說：「南嫂，妳真忍心耶！好好的一個小妞，手都凍傷了，以後粗糙的手，誰要娶呀？」話雖如此，我卻樂此不疲，因為要過年了，只有過年前我才有這個機會整天在店裡和家人聚在一起，看著他們忙碌的身影和吆喝的聲音。年節的市場，氣氛沸騰，每天忙著送貨、鋪貨，和川流不息的客人，的確很辛苦，但也代表今年又是好過的一年。

大哥的結婚照。

大哥

除了市場裡看得到的買賣景觀，看不到的還有公司行號大筆的訂單，大部分是年節送禮的禮盒包裝，或我們台灣人最喜歡的「罐頭通」（台語發音），店裡常會被這些禮盒堆到「沒腳路」（台語發音）。這時除了夥計們正常的運送以外，大哥的同學是另一組生力軍，只要一到下課時間便會看到幾個騎腳踏車的「新商」高中生，後座上全綑滿了禮盒，在公司行號休息以前，拚了命快速的將東西送達；這些哥哥的同學感情非常好，一起走過的歲月也很感人，並且在大哥生病、南記行將劃上休止符時，大家都不勝唏噓，因為畢竟南記行在他們的人生中是共同的美麗回憶。

「客人要買什麼呢？」我彷彿重溫在南記行顧店的情景。

大哥的文筆很好，字寫得漂亮，文謅謅的一點也不像是經營南北乾貨的生意人。他是我一生中最敬愛的一個大好人，上對父母孝順，下對弟妹寬厚，愛護大嫂無微不至，有了兒女之後更是一個親近晚輩的長者，這在當時父嚴母慈的社會是不太容易的。

當時爸爸要大哥接手南記行，先要求他放棄已考上的公職特考資格，和台北一家民營大公司就職的機會。大哥因孝敬父母，不忍心從早忙到晚的雙親憂心南記行無人接管，而且大姐、二姐因已到適婚年齡，先後出嫁，便在此時接管日益繁忙的店務，也一直秉持著父母親的教育，「善待夥計、熱愛客戶」，曾將業務往來的領域擴展到桃園，甚至在娶了大嫂後，更在大嫂的努力協助下，向南擴展至苗栗、豐原，夫妻倆同心協力克服困難。

當時店裡大宗的皮蛋和鹹蛋批發販賣，因大姐、二姐先後出嫁，內部人手不足而告一段落，看著他們每天早上五、六點就起床而晚上十一、二點才能就寢的狀況，年紀最小的我在這時高職畢業了，便加入南記行，我的乾貨烹飪生涯也正式開始。

什麼都講求快速的年代來臨時，乾貨店隨著雙薪家庭的增加、大賣場的崛起而式微，年輕一代的速食文化衝擊著舊有的買賣方式。雖然南記行在爸爸手中交給負責任又熱愛客戶的大哥，但終因年紀大及第三代傳人都另有高就，南記行這個新竹乾貨批發店終於在二〇〇九年劃上休止符，為時七十二年，聽說南記行是大哥出生前一些日子誕生的，大哥在七十二歲時停止營業，在當時的新竹也算是大新聞。

經營南記行時，大哥曾做過一個創舉，因為過年太忙、送貨也缺人，便學百貨公司印製南記行的禮券，賣禮券不但降低了過年時人力的負擔，且因客戶買禮券送人，讓收禮券的人能自行到南記行來購買自己需要的食品，業績增加了好幾倍。這個禮券點子讓南記行在當時南北乾貨商裡，盛名遠播，客戶透過這種服務方式享受到更方便的消費型態，這在新竹的乾貨鋪子算是首創，當時老一輩的人也從此認定南記行是首席的南北乾貨店。

人文薈粹的新竹風城

新竹市是個人口地域非常奇特的小城，市內有所謂的閩南台灣人；新竹縣有客家人；當時關東橋、斗煥坪國軍訓練中心，連結到光復路上的許多陸軍眷村，大多是國民黨大陸撤退後來台的外省人口；東大路一直到南寮空軍基地機場也有一大片空軍眷村。而在光復路上相隔不

新竹城隍廟小吃的食材、調味料多來自南記行。

平民小吃裡充滿豐富的乾貨食材（新大同飲食店）。

到兩公里路程上有全國著名的清華大學和交通大學，人才濟濟的理工科學府建構了未來的竹科雛型，這是三、四〇年代的新竹人想像不到的。學校裡有來自全台各地的學子，還有一批留學歸國授課的教授，這些人口造就了新竹人豐富的口味，也成就了南記行販賣南北乾貨的多元性。

城隍廟是個典型例子，許多攤販肉圓外皮用的地瓜粉，肉餡裡醃肉用的紅糟，蚵仔煎用的雞蛋，醬料及羹湯的調味料、油蔥、烏醋，肉燕丸子外皮所使用的一層燕皮（用肉和太白粉混合做的非常薄而Q的加工物，燕丸是福州很特殊有名的丸子），四神湯裡的四神……等等，絕大部分來自南記行的供應；東門市場店家附近新大同飲食店的拌麵、米粉……這些比較屬於台式小吃的口味，又和散布東門城圓環邊巷內的外省小麵攤及東大路上的小麵食館不同。牛肉麵館子需要八角、花椒來紅燒，歧山和鮮霸王醬油是他們的大宗需求，和台式小吃絕大部分使用的源珍、雙美人醬油截然不同；台灣人吃羹湯用烏醋，外省口味水餃沾白醋……

過了關東橋後的客家幫竹東、北埔，以及和中華路銜接的竹北、新埔，則因為務農人口較多，所以早餐就以米食為主，著名的有鹹湯圓和粿仔條裡頭

東門城現況。

東門城圓環附近有東門市場、外省小吃。

用的紅蔥頭……，總之在四〇年代，南記行的貨品充斥於市面許多的小吃攤，不分區域，到南記行買就對了！別家買不到的我們家都有！

在地新竹人，基本上都非常節儉，但有兩種人相當特殊，他們不像一般上班族，手頭比較闊綽些，到我們店裡購買東西絕少討價還價，對食材品質也比較講究。其一是交大或清大教授夫人們。當時許多從海外歸國的學人，攜家帶眷住進了校園宿舍，小時候看這些外觀漂亮又大又舒適的宿舍，心想住在裡面的人一定不是王子就是公主。

有時他們會聯合叫我們送貨（當時交通不便，清大和交大算是新竹市的偏遠地區，不像今天光復路上商店遍布，交通便利），我家外送的夥計很喜歡帶著我一起送貨（聽說小時候的我，有兩個大眼睛和兩顆大酒窩，還挺可愛的），為了謝謝我們遠道而來，偶爾還會送我們一些外國的糖果、點心，這在當時可是非常難得。那時我第一次吃到巧克力，還有塗著奶油的三明治（這是清大校園內教授專用餐廳的大廚給的），含在嘴裡會讓舌頭紅通通的水果硬糖，這些市面上少見的零嘴、食物，常是我拿來跟同學炫耀的東西。

尤其是第一次吃到巧克力，那甜中帶著少許苦味，含在嘴裡逐漸溶化，黑黑、黏黏的怪東西，全家人為此議論了半天，最後推選出年齡最小的我，代表家人去請教。當時的老師是非常受尊敬的，更何況是大學裡的教授，每每看到爸媽對教授夫人們必恭必敬的態度，就心裡有數，絕對不能說錯話。我的撒嬌奏效，原來外國零食是來自台北中山北路的美軍顧問團，只有美軍、具有美國身分的人，或在美國機構服務的人才有資格進去購買，裡面不只有日用品，舉凡罐頭、食材、糖果、餅乾、菸酒、化妝品……應有盡有，而且在台灣市面上買不到。

父親當下被這個消息吸引，連夜北上和台北「有頭有臉」的朋友見面，本想利用一些關係進顧問團看看是不是有些商機？但徹夜長談之下，知道許多的不可為而作罷。但台北叔叔在父親返回新竹時送了一條香菸和一瓶酒，都是進口的，爸爸把這兩樣東西擺在櫥櫃裡，每天從乾貨店回到家中總要端詳半天，然後嘆口氣，那種遺憾的神情也讓媽媽憂心了好一段時間！

而教授夫人裡，也有在台灣非常有名的人，如京劇名伶徐露小姐，在那一盯再盯，出貨不能出差錯！

個年代是戲碼很多的藝人，後來也常上電視表演，所以當她嫁給清大教授住進清大宿舍時，是全國的大新聞。她偶爾會跟著交通車到市中心採買東西，但大部分時間是由管家和司機一起陪同，架式十足。她身上永遠是嶄新的旗袍，配套的包包及鞋子，是我見過上市場買菜最講究和最亮麗的女人了。

之前提到清大的交通車，通常會在晚間七點到達市政府中正路口處停車，然後九點左右交通車就返回校區，這批人潮往往也是南記行最晚的客人，他們買的東西和一般家庭使用的食材沒什麼不同，但要的都是頂級食材，有些來不及搭上交通車的人，也會電話訂貨或託人帶來訂貨單，每個人訂的食物、貨品必須在九點前包裝好送上交通車。在短短的一個半小時處理好許多人家的訂單並不容易，而且先前來購買的客人絕大部分不會再繞回店裡來，所以出貨不能有差錯，萬一出了錯，誤了客人明天的三餐，那可是不得了的大事，所以出貨時爸媽總會一盯再盯。

曾經有客人忘了訂單上自己少寫的項目，回到學校後打電話怪我們，除了爸爸一直在電話的這頭賠不是外，媽媽隔日一早親自將短缺的豆瓣醬送達，後來客人登門道謝才表態的確是自己不是，因為他訂單上漏列了豆瓣醬！從此這位陳先生不斷為南記行做宣傳，只要有新住戶來就帶著他們到店裡報到，一直到他們一家人搬回台中老家；偶爾北上新竹，還總要到我們家來坐坐，並且到南記行大大採購一番，這些客人與南記行在人生的旅途中偶遇，並和我的家人結善緣、成為好朋友。

今年到苗栗跟高中同學黃惠琇的父母親拜年，兩老身體健朗，非常好客，黃同學的父親黃連丁先生，年輕時曾任職於中國石油公司新竹分公司，也是南記行的好客人。我們聊到另一位黃老先生的同學賴福來先生已仙逝，不勝唏噓，因他老人家在父親經營南記行時代，也是我們家的好客人，彼此間的默契是長時間累積下來的，有好的食材、新的產品，我的父親會先告知賴福來先生，讓他也有機會進貨賺錢，有時陪大哥去苗栗送貨，老人家總不會忘記送些苗栗的名產、水晶餃，想到這些往事，真是窩心，如今第二代接手「奇珍」南北貨商店，也祝福位於南苗市場內的他們事業愈做愈旺。

將領夫人們

比在地人闊綽的另一群人，是位於光復路上金城新村陸軍眷屬，和東大路往新竹機場延伸的空軍眷村，這些來自大陸的人口，更增加了新竹飲食文化的豐富性和複雜性。

光復路上的「金城新村」是陸軍眷村，來東門市場買東西的人不多，但

將領夫人們的衣著光鮮亮麗。（李崇善先生提供）

是因居民多半是高級將領，住的房子比較大，出入也有傳令兵和司機，所以比較有機會看到他們的夫人（現今紅遍海峽兩岸藝人趙又廷先生的父親趙樹海先生，在四〇年代就住在這個新村），她們比較不會結伴而來，到了南記行也都會先詢問媽媽今天有沒有新菜的花樣？媽媽總會將當時「金龍飯店」（他們當時最有名的是烤鴨！）大廚魏師傅教的小菜，或「新陶芳菜館」（每個人到此必點蔥油雞！）的新食譜，轉述給官夫人們，那些食材就會跟著賣出去，可能當天晚上就成為他們家的晚餐了！

另外，東大路的空軍眷屬們都比較活潑外向，他們有許多的餐會和舞會（樹林頭有個空軍俱樂部，更是新竹空軍基地飛官晚上跳舞聚會的處所）。夫人們買食材時比較會一起上街、互相商討，各家拿手菜便會在此時出籠，如黑蝙蝠中隊的李崇善夫人，她的拿手菜之多可編成整套食譜了。她非常和藹可親，平易近人，所以也是媽媽當時最喜愛學習的對象之一，擅長的紅燒栗子雞，香甜可口；她也是非常愛分享的人，有時來店裡購物時，會塞個新鮮、爽口的外省菜給我們加菜。她有著河北人耿直的個性，

活潑的空軍眷屬。（李崇善先生提供）

取的菜名也是一絕！有一道「轟炸莫斯科」是買我們店裡的鍋巴，炸過後再做些雜燴湯淋上，滋滋作響的聲音，她說有如砲彈轟炸，當時台灣和蘇聯莫斯科勢不兩立，所以叫「轟炸莫斯科」，真是逗趣。

值得一提的還有黃飛達先生的夫人盧碧雲小姐，盧小姐在大陸時已是演員，來台後演第一部反共愛國名片「噩夢初醒」，一砲而紅。偶爾見到她和女兒上市場，淡雅的裝扮和一身健美的體格，走在路上真是令人不得不多看幾眼，瞧她輕輕拿起松子、核桃、紅棗放在磅秤上的姿態，彷彿是一幅引人入勝的畫作。當時我還小，但是就懂得欣賞美女了！有時還會忍不住去摸她旗袍上的盤扣，她總是笑咪咪的說：「喜歡嗎？要不要？」真是有氣質又美麗的空軍夫人！

也挺奇怪的，從小我的許多好朋友、好同學都是來自眷村的外省人，而且我也喜歡去眷村朋友家串門子，享受好吃又吃不完的蔥油餅、麵疙瘩、眷村雜燴、小炒……！

黑蝙蝠中隊也是南記行的客戶。

黑蝙蝠中隊

說到黑蝙蝠中隊，一定要提到李崇善中校，和位於新竹市東大路二段十六號的黑蝙蝠中隊，及裡面的伙頭軍王景山先生，以及服務於西方公司專給派駐於此的外國人煮飯的大廚「小黃」師傅（從小只聽爸媽如此稱呼他，而且也沒人去問過他的名字，失禮之處，請見諒！）。他們都是河北梆子，一個個漢子脾氣和耿直個性。早期台灣人做生意，超喜歡到酒家交際應酬，我的父親也不能免俗，有時要談比較大筆的生意，不知要上酒家幾趟，常常喝醉不醒人事。

當西方公司和黑蝙蝠中隊要從桃園搬到新竹時，有許多商家想盡辦法想和他們做生意。第一次

李先生開玩笑的說：「因為你們沒請我們上酒家，所以才被選上，哈！哈！哈！」

接觸是王先生來東門市場詢價，爸爸曾探口氣看他的喜好，王先生卻一口回絕並警告「只要好東西，價格公道，彼此誠信，以後生意是做不完的。」爸爸半信半疑，但因南記行貨品齊全也是被挑選出來的商家之一，經過一些競價的過程、食材的核定，南記行被他們選為願意合作的商家。一來一往，日子久了，媽媽才開口問李先生，最初為什麼選上南記行？李先生開玩笑的告訴媽媽說：「這簡單啦！因為你們沒請我們上酒家，所以才被選上，哈！哈！哈！」隨著李先生爽朗的笑聲，媽媽也頻頻點頭謝謝！其實，中隊看上的是南記行的南北雜貨最齊全，價錢又公道，而且許多西餐佐料沒有一家商店比得上（那時有老外神父的華語學院、西門大教堂、北大教堂也都是我們每天送貨的地點喔！）。中隊眷屬也最喜歡來我家舖子買東西，當他們聯合訂貨時，爸爸還會讓夥計挨家挨戶的「配達」，有如現在的「黑貓」快遞。由於食材好，價格公道，服務一流，第二年以後就一直由我們南記行為黑蝙蝠中隊服務，直到他們這個系統結束任務為止！

小時候，根本不知道這個單位是做什麼的，有時候還覺得很神秘，只是偶爾聽大人們談論起一些飛官的事。年紀大了些才注意到這禮拜若看到空官們陪家眷出來購買食物、家用品，大概下個禮拜就會有任務出勤，以後的日子見到空官再陪家眷出門，就可以知道任務成功，人已經安全回來了。如果從此不見人影，只見到他的家眷來買東西，也就表示那些飛官夫人們原來從此就和自己的先生天人永別了。

雖然當時我年紀還小，卻因此懂得了生離死別的感受。所以，雖然空官們大部分外表俊朗，且對老婆、家人超體貼，常成為女孩們羨慕的對象（當時台灣男性因受日本教育影響，都非常大男人主義），但由於這些生死難卜的狀況，爸媽偶爾在傷感這些好客人時，也會趁此機會教育大姐、二姐，絕對不可以結交空軍的男友。但正值適婚年齡的姐姐們，卻常有人來提親，甚至中隊裡有人還曾託李太太來說媒，尤其是漂亮又溫柔的大姐，但媽媽總會委婉的拒絕。所以那個時候，最得意的就是我了。在那缺乏物質的年代，我常常收到「巴結」的禮物：外國的絲巾、太陽眼鏡、化妝品等等，當然最多的是那讓人無法忘懷的巧克力糖。

黑蝙蝠中隊的廚房

從桃園搬到新竹的黑蝙蝠中隊，來到新竹整整二十個年頭，每天早上爸爸會將他們要的食材在十點鐘前送達部隊，夥計們喜歡帶著我一起送貨，有時在隊裡磨菇久一點也不會被責備，我也樂於跟班，因為廚房裡面真是精彩極了！從我們進大門，就有守衛會照例詢問並檢查送到中隊的貨物，進了大門沒幾步路就是對著我們的左三棵、右四棵的椰子樹（代表黑蝙蝠空軍三十四中隊的精神），高高的矗立在那兒，右邊樹後就是廚房的偏門，常常未開門前、就會從紗門裡飄出一股奶油香，還有咖啡香，聞到這兩種香味就知道還有老外在吃早餐。

左三棵、右四棵的椰子樹，代表了黑蝙蝠空軍 34 中隊的精神。
左邊後面是紀念館僅留的大榕樹。

李崇善先生與夫人。

進了廚房，一眼望去盡是進口水果，像拿來哄生病孩子的蘋果，是我每次去都可以吃到的水果，（因西方公司的關係，美軍顧問團有的東西，隊裡都有），中隊裡另外一個「小黃」師傅西點手藝非常好，常拿幾個剩下的糕點給我，這些糕點我常拿回家跟二哥炫耀！王先生在我等夥計們對訂單時，更會塞顆糖果、巧克力或烤個麵包哄我，再配上市面上難得一見的可樂、鮮奶，喔！那個當下我真覺得自己超幸福的。

中隊每天一定是一箱蛋（大約十五～二十斤），當時覺得很奇怪，又不是餐廳，白天也不見什麼人的地方，為什麼每天會用那麼多蛋？後來才知道，國家為了體恤一些遺孀及家眷，讓他們貼些小錢到中隊裡用餐；省錢又好吃的料理，是當時孩子們心目中最好的用餐去處，尤其餐廳正前方那棵大榕樹，是夏天飯後乘涼、玩耍的最棒地點，這也是現今紀念館僅留的大榕樹，加上之前提過代表三十四中隊的椰子樹，真令人不勝唏噓！

有異於空軍系統，直屬國防部的黑蝙蝠中隊也因為西方公司的合作關係，有很多外國人常來參觀和開會，偶爾也會請英文很好的李崇善先生當翻譯，有一次美國負責情資的克萊恩先生來台，李先生私人請了他到家中聚餐，李夫人的手藝讓他豎起大拇指說「讚！」尤其，「轟炸莫斯科」令人莞爾，讓他對李夫人的幽默讚不絕口。期間還有段插曲，那時還有其他外國軍官和眷屬一起來台，所以就在中隊裡開舞會慶祝，因小朋友眾多，王景山先生曾到店裡詢問媽媽，有什麼可以讓孩子們感興趣的食物，媽媽介紹店裡五顏六色的龍蝦片（這是台式總鋪師常拿來當菜底的好料）和台式春捲。看到不起眼的蝦片一下油鍋，撐得胖胖大大，紅的、綠的、白的、橘的，哇！全場孩子

李先生常偕夫人在紀念館內義務導覽

們為之瘋狂，而且王先生將媽媽介紹的春捲用炸的方式料理更討喜，符合了老外的口味。從此只要中隊有聚會，龍蝦片絕不可少，大人也愛拿來搭啤酒；此外，王先生的牛、豬肉餡餅更是一絕。後來離開了黑蝙蝠中隊，王先生曾在城隍廟附近賣餡餅，口碑相傳，生意挺好的。他的絕活養活了一家人，對於這些南記行生命中的貴人，我謹代表邱家人在此向他們深深一鞠躬，謝謝他們，因為他們所以南記行更加美好、豐富！

在這些令人回味的記憶中，要重提李崇善先生夫妻倆，我在蒐集資料時曾多次回新竹並到黑蝙蝠中隊紀念館參觀，才知道李崇善中校也是當時的隊徽的創意製作人之一，真是敬佩！可惜的是中隊原來使用的地上物已被拆除，紀念館是新建的，裡面許多文物也是李崇善先生傾其所知所有提供的，並且常偕夫人在紀念館內義務導覽，兩老身體硬朗得很，李先生的腰桿子相當挺直，一點也不像八十好幾的人，希望他們夫妻長保健康，為這紀念館做一輩子的導覽。畢竟，有李先生在，那些精采的真人真事才能更讓人回味；也希望來新竹玩的人，不要忘了來這小小的紀念館參觀，那些為國犧牲的空軍健兒們，在當時為了台灣的安危，明知每次的任務都有可能一去不復返，卻義無反顧、勇往直前，這些事跡真是非常值得傳頌。

見不著的客戶

我們中正路老家的外面幾乎都是田，一片片綠色延伸出去就是位於隔壁的修女院。站在陽台上望去，經常會看到裡頭苦修的修女在種菜。只要感覺有人觀看，她們便會迅速躲起來。

修女院也常跟家裡訂一些蛋、麵粉、醬油、糖、鹽等烹調必需品，東西不多時，我會騎腳踏車送貨。修女院裡有對老夫妻負責打理院裡的大小雜事，非常疼我，貨物送到後，兩位老人家會給我他們做的點心或飲料，原味甜甜圈就是在這裡第一次吃到的。有一回也是送貨到修女院，剛好有郵件來，婆婆還悄悄問我要不要一起去看看，我當時糊裡糊塗答應，就踮著腳尖悄悄跟著進去了。

當婆婆打開大門時，我還以為會看到教會的那種布置，結果卻是一個大廳堂，然後就是木板隔離的一堵牆。按了鈴，一扇窗打開，看不到裡面的人，只聽得到聲

大哥與女兒的斜後方即修女院。

音，一陣對話後，婆婆將郵件放置於窗子上面的木板上。我上前看了看，只見郵件上寫的寄件人為蔣總統夫人及嚴副總統夫人，那一疊郵件上署名的，應該都是達官顯要吧！婆婆手一揮，要我跟著她迅速離開，當下同時聽到圓形窗關起來，有機械往上升的聲音。那時才知道苦修院裡的修女平常是不見外人的，就連在院裡幫忙的婆婆和爺爺都是用這種方式和修女聯絡。所有日常用品和生活必需品都是透過兩位老人家購買或是從我們家訂貨。

對這些修女的好奇、苦修院神秘的氣氛非常吸引我。有一天大哥興沖沖的告訴家人，他學校的某位女老師要當修女了，而且就在隔壁的苦修院裡。只有進院當天能和家人、朋友見面，進了修道院就永遠與世隔絕了。當時聽了馬上就和大哥一起前往，只見女老師穿了白紗，就像新娘子一般，幸福甜美的笑容洋溢著，她的父母卻淚眼婆娑。我雖然年紀小，卻也懂得是離別的苦，因為女老師進了苦修院，等於嫁給了上帝，侍奉上帝去了。

後來，修女院終因環境的變遷，搬到竹東芎林。

蛋的王國

在物質貧乏的年代，蛋是平價的營養品，它扮演了非常重要的角色，從孩子們每天便當裡有蛋的料理，便可判斷他家裡的經濟狀況不錯。

我家早期銷路最好及最大宗的東西都和蛋有關，雞蛋、鴨蛋、鹹蛋、皮蛋、鵪鶉蛋，以前從產地運送到我家或店裡，常常要花上七、八個鐘頭，加上當時的包裝是用竹片穿製而成的圓簍子，裡面是一層米糠一層蛋，米糠是用來固定和填補蛋與蛋之間的空隙，才不會在運送時造成雞蛋破損。但是當時的路況不比現在，鋪柏油的平坦路不多，所以運送的貨車一到，我們家人便要放下手中的工作，先將米糠和蛋分開，以免溫度過高，影響蛋的品質，分類好的雞蛋當場販賣，鴨蛋則運回家等著再篩選。以前做皮蛋、鹹蛋一定要用鴨蛋，因為鴨蛋的殼比較硬，但有些小破損表面看不出來，必須要用兩顆蛋互相輕輕敲碰，一聽到聲音不清脆有破損就馬上淘汰，不是每顆蛋都可以拿來用的。

兩顆鴨蛋互相輕輕敲，一聽到聲音不清脆就不能用來做鹹蛋。

鴨蛋蛋黃經過一些再製的過程，會比雞蛋來得好吃。像鹹蛋是鴨蛋做的，蛋黃會出油，滑口而且香氣十足。皮蛋則只要醃製時間超過四個星期，便會在蛋白的部分呈現松花的結晶，吃起來非常Q彈。而且蛋黃部分咬起來像糖心似的流進嘴裡，喔！想到這裡，彷彿又回到了以前那個滿屋子都是蛋的我的家！

整理蛋的過程中，最辛苦的應該是邱家的大小姐和二小姐，她們每天早出晚歸（去年在完稿前，和李崇善先生、夫人見面，兩位老人家還如此稱呼我的大姐、二姐，真是好久沒有聽到的稱呼喔！），因為有她們才有南記行「先期的」蛋蛋王國，當時南記行的皮蛋、鹹蛋最遠行銷到馬祖。

每天，在她們上課前，早市的顧客和來批蛋的商家就都有貨可帶走，下課後，店鋪忙時她們要幫忙鋪貨，空下來回到家又不得閒，還得趕著做敲敲蛋的把戲。剛開始跟二姐學「敲敲蛋」時，因年紀小，手掌不大，她要我拿兩顆蛋輕輕的邊滾邊敲。但年紀越來越大，兩隻手掌大到足於控制三到四顆蛋時，她便要求我要靈活運用蛋與蛋之間的空隙，可以一次完成兩倍的工作。不但可以節省人力和時

敲敲皮蛋看看是否有彈性，有彈性才好吃。

間，也可以更用心於一些細節的琢磨，減少皮蛋和鹹蛋在製作過程中的耗損。

在用藥水釀製皮蛋，將粗鹽與土混合製作鹹蛋的這個階段，我也已經是會「敲蛋蛋」的小妹妹了，這是南記行的黃金時期，家人秉持互相合作的精神，關關難過關關過。

整理蛋的過程中，難免會有破損，有些破蛋雖然賣相不好，但媽媽總會招呼一些客人用比較低的價位賣出去，所以常見到依賴薪水維生的家庭及賣小吃的攤販來搶貨。但每天看蛋看到怕的我們，實在是很抗拒蛋的料理。

說到這還真要感謝王景山先生，有一天夥計送蛋到中隊，運送的司機出了點小車禍，這可苦了一車蛋，王先生起初一聲不吭，到了下午，他拿了一支打蛋器，（當時在店裡看到打蛋器時，還覺得是個怪東西，像一支會漏水的大湯匙）叫媽媽和剛下課的二姐一起跟他學做沙拉醬。看他俐落的將蛋白和蛋黃分離，放顆蛋黃、一些檸檬汁、加入沙拉油，不斷的從同一方向攪拌，居然就變成泥狀的沙拉醬了。從那天開始，南記行因這位貴人又有了全新竹（不知道是不是全台灣）第一個限時專賣手打新鮮沙拉醬的乾貨店，後來需求量愈來愈大，變成店裡打烊後二姐必做的功課，許多老一輩新竹人都知道這是南記行的新鮮美味之一。

最後的乾貨店

亦師亦友全程陪著南記行走完全程的人不在少數。值得一提的還有韋福全和吳玉璧夫婦。吳姐原本是大姐的同學，從小在我家出入。韋先生則是大哥的同學，吳姐和他兩人從學生時代就認識，直到去了台肥五廠上班成為同事，有了更深的認識和瞭解、再加上大哥和大姐的鼓吹後，便成就了這段好姻緣。

爸媽當家時，他們就經常來幫忙。後來大哥主持南記行事務時，夫妻倆變成我們家的好主顧。而吳姊更是勤儉持家，相夫教子的好太太，不但白天要上班，下班後又是主持家務的好媽媽。常見到她下了班，匆匆到店裡買些食品，急忙趕回家做「廚娘」，並且常和大嫂討論食材的應用和新口味。

大嫂有了她這個朋友更激發了學習做菜的本能，（大嫂也是二姐的同學，畢業後服務於公賣局，一個上班族突然進入完全陌生的做生意的夫家，是害怕和焦慮的。但大哥的愛心是支持她最大的力量，從摸索到全然的投入，並成為大哥身邊最大的助力。她的付出和犧牲也讓我們這些小姑們非常敬佩！）兩人常常切磋研究。

大嫂練就了一身廚藝。

大嫂甚至到家政老師家中學習，那也是破天荒的舉動，為了討爸爸的歡心，她在口味上做許多創新。並且為南記行創造了一個簡單又方便做布丁的配方，目前是許多農會家政班不可或缺的教材食品、南記行雖已停業，但仍有非常多人訂貨。

吳姐和大嫂的友誼，讓我們家人也口福不淺。她的「薑香麻油燜雞」是令人垂涎三尺的招牌菜，爸媽在世時都讚不絕口。後來爸媽先後往生，每逢忌日，吳姐和韋先生總會幫著打點祭拜時不可或缺的餐食「薑香麻油燜雞」和「蔥燒香魚」。而這時大嫂的炒米粉、燒酒雞及白菜魯，更是我們這些小姑們一定要嚐的。尤其是看來簡單的炒米粉和白菜魯，在她的巧手之下，別有風味。如今大哥也當天使去了，吳姐他們還會時常抽空來陪大嫂，甚至邀約許多朋友來陪大嫂多外出散心，以免失去大哥的嫂子難過度日。這樣的好友真是難能可貴！

父親的好友林叔叔因經營電影院及報關行貿易相關的事業，與許多影星及日本人關係不錯。連二姐結婚當天的婚禮主持人也是他認識的「周遊」小

父親和祖母難得的合照。

姐。周遊小姐即是大名鼎鼎的電視劇製作人——「阿姑」。當時我年紀雖小，但這件事我還記憶猶新，因為台上的她口條清晰，作風大膽。寫到這兒，也讓我想起另外一位台語片影星白虹小姐的「天字第一號」，殺青戲是借我家新竹中正路的房子拍了一個外景戲。當時我從學校下課回家，看到門外圍觀的人潮，以及電影外景拍攝的人員，我都傻住了。以為家中發生了什麼大事。在人潮包圍下，白虹小姐火辣的裝扮（當時一件無袖背心加上合身的長褲就已經算火辣辣了！），還有露在衣服外白裡透紅的皮膚，讓圍觀的眾人讚聲不絕！

林叔叔的日本客人偶爾來新竹時，好客的爸媽會請他們吃飯。甚至許多生意也就在牌桌上談成、簽約了。有時看著媽媽忙著店裡的事，又要回家「辦桌」請客人們吃飯，真是忙得「大粒汗小粒汗」（台語），非常的不捨。但是媽媽不但不以為意，還會為那些日本客人準備他們最喜愛的「烏魚子」作伴手禮。由於媽媽的日語非常流利，溝通能力一等一，逐漸的，這些客人們來台灣時，一定會抽空來拜訪。經年累月的交流後，大家的感情非常要好。甚至父親因肝病靜養休息時，他們也常寄些日本最新、最好的藥物與資訊給家裡（因為客人裡有位醫生）。後來父親過世，他們居然還相約趕來，專程祭拜。最後連大哥前年往生，仍有年老的長輩抱病遠道而來。這些美好的緣分綿延將近六十年，實在很難得！

寫這本書的過程，拜訪了眾多親朋好友，像蘇瑞雄先生、李崇善先生、阿富……，雖然彼此數十年未見，但是一見面就有說不完的話，話裡面都是我們一起經歷過的故事。在那個時代，生意往來、日常生活……的背後，充滿了互相幫忙、彼此互動、一起完成一些事的交情，是現代社會難以再現的。我很幸運因為南記行而認識了許多朋友，學習到很多東西，而且到現在都還在學。

新竹人口多元，也形成南北乾貨店販賣的東西非常複雜。
有客家、外省口味，甚至於因華語學院中有學中文的老外，
而有了各種外國人需求的地方食材。

第二章

常用的乾貨

認識、挑選乾貨

說到南北貨要先提到早期的小小雜貨店！物質缺乏的寶島在日據時代的小雜貨鋪，最常見的是米、油、鹽、糖諸如此類的民生用品；偶爾能看到些節令水果釀造或再製的乾果，如仙楂片、楊梅乾、酸梅、柚子皮糖等等，還有久久才能買到的餅乾或煎餅；更早期還有寄藥袋的廠家會託放藥品，請雜貨鋪的老闆到有藥袋的人家去幫忙補充藥品。所以小雜貨店裡永遠有新鮮的話題，永遠有一些人聚集在一起討論，是很好的聚會場所。

與還在營業的萬勝行老闆蘇瑞雄聊天。

東門市場原來的入口。

慢慢的，社會形態改變，才有了糖果、餅乾店，甚至麵包店；然後菸、酒專屬公賣局，有此牌照的雜貨店，規模必然算是比較大的（其實當時也有人賣私酒，但提到可就「罪大條」了，有人來家裡和父親談過此事，爸爸還勸過客人此事做不得！）

三、四〇年代，新竹有幾個大市場：東門市場、南門市場、北門批發市場、西門市場和竹蓮市場，是比較位在市區且具規模的市場。這其中東門市場的生意尤其特別好，賣的東西也比較高級。它離新竹車站很近，因地利之便所以外地客人特別多，資訊的傳遞和吸收也非常快速。

新竹人口多元，也形成南北乾貨店販賣的東西非常複雜。本章主要介紹日常必備乾貨，並說明這些乾貨簡易的挑選、烹調、保存方法及益處。第三章則運用南北乾貨店販賣的各種食材、罐頭、酒、調味料……呈現我們家的招牌菜。

皮蛋

皮蛋在中國明代就出現了，當時稱為「混沌子」，製作方法與爸爸教我們做的方式雷同。但經過長時間不斷的演變，許多材料已由化學物質取代，浸泡時間也縮短了，風味自然不同於以往。

如今在市場可以看到的，有混著米糠的石灰泥包著的皮蛋，比較耐放且較無鹼味，蛋白部分比較Q彈，蛋黃則較硬。如果只是單純皮蛋，本身不含泥糠，蛋白呈現較透明狀，蛋黃糖化軟嫩，而製造過程存放期間足夠，蛋白部分也會形成像松花的紋路。

挑選好皮蛋的方法是將蛋放在掌心，用另一隻手的中指和食指輕敲掌心中的皮蛋。如果感受到皮蛋在手掌心中的震動，這皮蛋一定好吃，而且是道地的糖心松花蛋；如果沒有動靜，想必口感好不到哪兒。

至於皮蛋的切法，最好是用縫衣服的線來切，因為如果用刀子，好的糖心皮蛋會把大部分的蛋黃部分黏在刀片上，這樣吃的時候就只剩下一點了。

皮蛋就是新鮮蛋類延長存放的方式之一，生產製造的過程頗複雜，要添加如燒成灰燼的稻殼、茶末、鉛的化學原料、石灰煮成的汁液，黑糊糊的挺嚇人，但這汁液要涼透後，才能挑好的鴨蛋放入其中。泡過三～四星期才能取出食用，因風味特別，喜愛的人超愛，不喜歡的人則說是用馬尿泡的，有一股濃濃的騷味，其實不然。我們姐妹長期和這些浸泡的汁液碰觸，手指甲都被染成黃褐色，直到南記行不再生產皮蛋才恢復。

干貝

在中國菜中，干貝是使用頻繁、價格昂貴的食材之一！小時候在店裡，總鋪師帶來的菜單上只要有干貝、日本香菇及刺參、魚翅、鮑魚，就代表這次的辦桌是大戶人家辦的高貴宴席。

干貝呈圓柱狀，曬乾後變金黃色，使用時要先泡過，師父會將泡的水留著做湯頭，味道非常鮮甜，常用來燉雞湯或燴海鮮。

這種內行人口中的「江瑤柱」，也是外婆床頭零嘴之一。只要我和二哥乖一點，老人家會將她床頭櫃上的干貝拿來獎勵我們。那時對「江瑤柱」的印象，是條狀的怪東西，入口硬梆梆的，含在口中，甜美的鮮味就漸漸散發。小時候還真愛這奇怪的東西，後來到了店裡才知道干貝的真正模樣。原來外婆是將運貨時碰碎的「江瑤柱」帶回家中做料理，燉白菜，剩下個頭比較大的就留下來獎勵我們。

干貝雖然未列入中國人的四大海味（鮑、參、翅、魚膘），但在南記行的高級食材中，卻是紅牌之一。

挑選干貝時，以整顆形狀完整無缺最優，越大顆價格越貴，要乾而不黏手，顏色最重要。冷藏可擺二～三個月以上，因無水分，放置冷凍櫃中保存期限可以更持久。

干貝是燉煮雞肉的絕配，也是提升肉類湯頭鮮美甘甜的主要乾貨。而且干貝含有最豐富的酐胺酸，可是毒澱粉食安問題的最好解藥喔！

黑木耳、白木耳

又稱為雲耳的黑木耳，是一種食用菌，被《飲膳正要》稱為利五臟、寬腸胃的黑木耳也是南記行的紅牌之一。黑木耳的多醣體具有抗腫瘤的一定預防效果。新鮮的黑木耳每一百公克含鐵量是九十八毫克，是肉類的一百倍以上，鈣質為肉類的三十倍，所以也是風靡現代人的營養食物。

黑木耳口感脆嫩、風味獨特，常出現在各種菜肴中；可燴、炒、涼拌、可煮湯，也是家庭必備南北乾貨中數一數二的食材。

白木耳又稱銀耳，止咳潤肺、養顏美容、防止便秘。以前人有一說：「有錢人吃燕窩，沒錢人吃白木耳。」白木耳還可以做成甜點，如臘八粥或白木耳蓮子湯、燉水梨糖水，與黑木耳稍有區分。

黑木耳有台灣產和大陸產。台灣產的黑木耳有一片兩色的特徵，一面是黑色，一面是灰白色，泡水後比較厚硬也較大片。至於大陸產的川耳，泡後口感較脆較Q，價格也較貴。但依據一些醫學的報導，台灣黑木耳食療效果較好。

而所謂窮人的燕窩指的是白木耳，挑選時請勿挑有漂白、味道刺鼻者，這種是劣質品，對人體有害。

原則上，只要保持乾燥，乾木耳類幾乎不用擔心保存期限。

蓮子

說到蓮子就一定要提到蓮花，也稱荷花，很多人都誤以為那是不同的物種，其實一個是俗稱，一個是學名。荷代表花和葉，蓮是果子和根莖。據說是最早的被子植物，冰河時代就有。中國青海柴達木盆地就曾經發現一千萬年前的荷蓮化石，我認為是非常了不起的食材，因為蓮花、蓮子、蓮心、蓮藕、蓮葉都可用，千萬別浪費。

蓮子可甜可鹹，有豐富的維他命C、蛋白質，含荷蓮鹼，是很好的營養食品。辦桌時常用來做蓮子白木耳甜湯，或蓮子豬肚湯，或用曬乾的荷葉做荷葉飯。那股清香、綿密的特殊口感，是當時總舖師的最愛之一。

在盛產季節時常有新鮮蓮子可買，宜新鮮食用。處理過的，除了冷藏外亦可冷凍，口感不會差太遠。蓮子也分台灣的和進口的，處理方式各異，一種是磨皮的，顏色略白；一種是浸泡去皮，顏色呈淡黃色。品質好的蓮子不用浸泡，直接煮食即軟爛可口。

金針

金針花因花形美而成為代表母親的花草，自古以來就是許多家庭常用來煮湯的南北貨之一。台灣產地都在花東地帶，新鮮的金針吃之前先摘去花心，才不會因為食用量多而拉肚子。鮮炒、煮湯都很鮮甜。

在曬乾製作成品的過程，常用熏蒸硫磺來防腐防蛀，還有漂色。必須有輔導單位檢測標明「台灣金針標章」，消費者才可以放心使用。

金針配香菇是一般台灣家庭常用來燉煮排骨湯或雞湯用的。鮮美清脆的金針加上Q彈的香菇，也常是離鄉遊子想念的家常口味呢！但在媒體報導二氧化硫使用過量，及大陸走私來的乾金針競爭下，台灣金針的產量受到很大的影響。

外表經過硫酸燻製的金針，漂過色會讓花葉本身變得很鮮豔，但食用後會危害身體健康，所以要挑外表稍帶褐色、不鮮豔的較好。

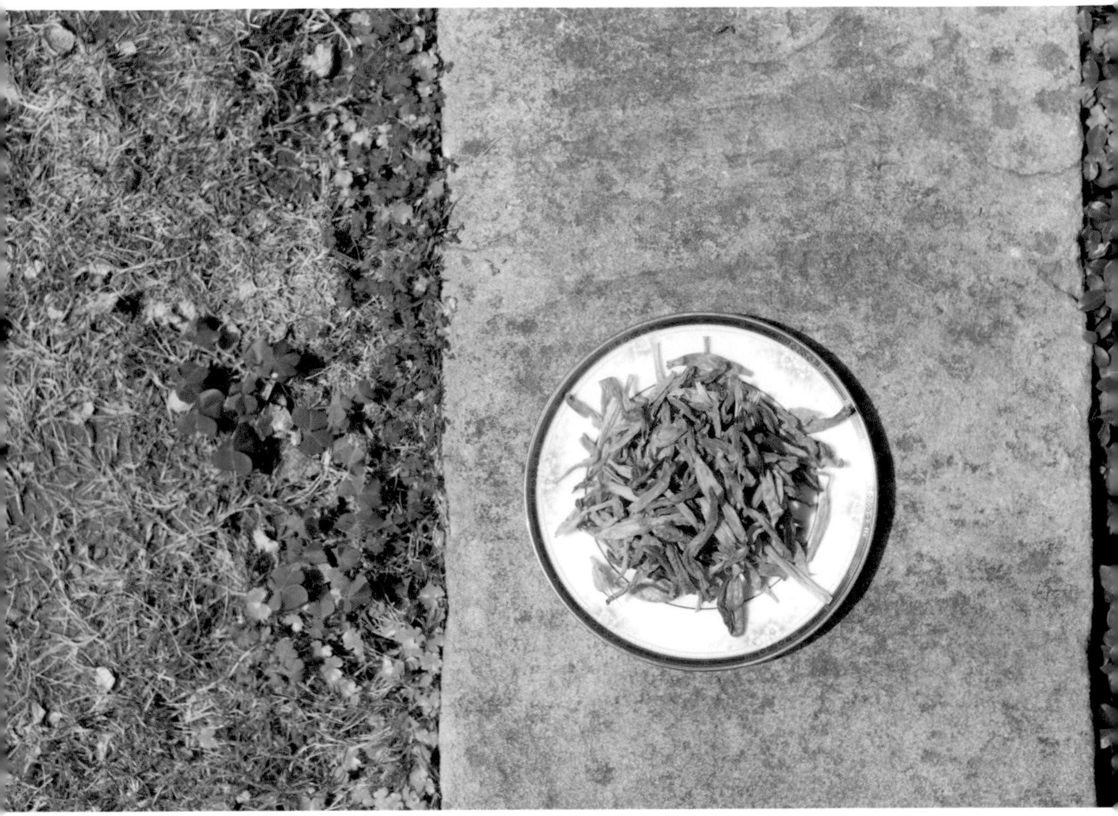

海參

海參，中國人視之為四大海味之一。用石灰醃再曬成乾貨，以便在盛產時儲藏、運送遠地，是名貴的食材。除了種類頗多，產地也分佈很廣。海參跟刺參受到人們的喜愛是因為營養價值高、膽固醇低，就古早藥書上的記載，有滋肺補腎的功能，它體內含有一種酸性黏多醣，對腫瘤患者的轉移和生長有抑制的功能。

海參因為滑口軟嫩，也是對老年人或小孩子非常有益的料理食材。多半要煲高湯增加風味，如冬筍紅燒香菇、燴海參，是許多餐廳老少咸宜的料理呢。

發泡海參的手續很複雜，用水浸泡八小時左右就要換水一次，總共大概需要一週的時間。當泡到半軟時，要將它肚內的內臟清除掏淨，再發到原本體積的七倍大最適合。海參沒有什麼味道，完全要靠別的食材提升它料理後的香氣，而香菇跟它最搭！泡發期間，水要乾淨到不能有任何油汙（一滴都不行），任何油汙都會導致它變質或融化。切忌用熱水浸泡，以免外表熟爛、裡面不熟而「表裡不一」！

現在許多家庭會使用燜燒鍋來處理。用老薑及拍開的蔥段煮熱水約攝氏四十五度關火，將海參放入鍋內，並用燜燒鍋放置隔夜，隔天就可剖開除掉內臟，再次用以上方法、重複三～四次，泡開到七倍大左右，是最Q軟適中的，且別忘了每次都要放蔥跟薑，因為這是除掉腥味的最好方法。

因為泡、發的程序繁瑣且不易，到南記行來買海參或刺參的客人，絕大部分是開餐廳的或家有大廚的大戶人家。

如果沒沾到油或水，存放在冷凍櫃可以保存很久。

100

蹄筋

古人對養生之道自有一套看法。蹄筋在四〇年代是紅極一時的養顏極品，含有豐富的膠原蛋白、不含膽固醇，食用歷史也很久。

挑選時要看表面顏色呈淡黃半透明，油脂不要太多。蹄筋是最常用來製作「佛跳牆」的主菜之一。在使用前先撒鹽於鍋中炒熱，再加入蹄筋一併炒，直到蹄筋發脹到圓胖光亮，便可放涼儲藏。坊間有人用涼油慢火來炸，雖然也是一種辦法，但容易有油耗味，且不耐放。

乾貨蹄筋最常見的有牛和豬的。一般宴席用的多是豬蹄筋，味淡、滑潤，藉由其他食材一起煨，會添加料理的美味。發過的乾貨蹄筋和海味也很搭，如海參紅燒蹄筋也是常見的熱門宴席菜，只要辦桌有點水準的，這道菜沒少過！

蹄筋的膠原蛋白一直受到肯定，但很多台灣蹄筋是進口的。

冬粉

有一個食材我一定要提，那就是夏涼拌冬火鍋的粉絲（冬粉）。根據史料記載，中國的龍口粉絲已經有三百多年的歷史，山東招遠最早製造，經由龍口港出口到世界各地，龍口粉絲也因而聞名！

粉絲是用澱粉製作的，有寬有細，用綠豆做的粉絲最好。除了綠豆，還有以地瓜、碗豆、馬鈴薯、玉米等為原料的粉絲。這個被日本稱為「春雨」的食材，是東方人非常偏愛的食物，不管是夏天的涼拌菜，或是天氣轉涼後，火鍋族嗜好的鍋料，粉絲都得天獨厚，可當主食飽腹，又能當小菜解饞。此外，現代人怕胖，冬粉也能在減肥食譜中占一席之地，東南亞人也常用！

東方人喜歡Q彈口感。冬粉在鄰近幾個國家都有不同的料理方式，但本身淡而無氣味，必須藉助其他食材才能充分發揮。

冬粉可存放的期效很長，一年半載不是問題。

香菇

一說到香菇，就想到書開頭我曾提到小時候，家人從店裡回到家中，每個人身上都散發著一股不知怎麼形容的味道。這五味雜陳的味道，最明顯的是香菇那引人開胃的淡淡香氣。小時候到店裡，也喜歡往香菇的角落去，遠遠就聞到那蘊含木頭味又散發著香菇味的特殊香氣。

反正就是愛香菇。尤其是山上菇農拿著整袋（大概每袋都有二十～三十斤不等的大小包裝）香菇來南記行兜售時，一定會打開袋子讓父親或母親看看貨色，討論價錢。當打開袋子的剎那，哇！真的是滿室生香，不是蓋的！

香菇種類非常多，當我小時候，就有很多人在內灣、秀巒、甲板山一帶大量的培育。如果店裡缺貨，菇農又來不及下山販賣，大哥或店裡的夥計也常會帶著我去「竹東市場」看看有沒有漂亮、價格又合理的香菇，有的話也會購買，但大部分時間是往山上去，直接向菇農購買。往秀巒的山路非常難走，從家裡出發，一來一往要六、七個鐘頭。常常半夜才回到新竹家裡，讓家人很擔心。

許多菇農也很歡迎大哥上山，窩心又體貼的大哥，常會帶些山下的點心或米酒當禮物，當然我們也會帶著菇農自己養的雞或鴨子下山，隔天店裡就有加菜可品嚐，不是香菇雞湯，就是阿嬤拿手的當歸鴨。這些回憶沒有隨著時間的消逝而退色，彷彿歷歷在眼前。

香菇含有多種酸和維生素，且低脂肪，具有高蛋白多醣的營養，是非常受大家喜愛的食材，製成乾貨後，香氣更是十足。尤其是野生菇或以前椴木培育的菇的香氣或口感，就是比現在包種培育的菇優良許多。在南記行鼎盛時期，香菇是不可或缺的乾貨，幾乎每個家庭都少不了它，蘿蔔湯少不了香菇，炒肉絲竹筍多了它風味十足。

因為台灣的氣候潮濕，買了香菇後最好能直接放進冰箱內。香菇有野生椴木、包種培育等，蒂頭長的是野生居多，味道之好沒有話說。椴木培育的顏色比較黑亮，蒂頭也長，香氣馥郁，只是傘狀部分較薄，不像大部分包種培育的較厚、蒂頭常修剪整齊，顏色也比較明亮，但香氣遜色很多。

魚皮、魚翅

寫魚皮和魚翅的當下，我是很掙扎的。因為很多人都告訴我，現在注重環保、保育，寫這東西吃力不討好，但這終究是過往生活不能不提的食材。魚皮和魚翅在四〇～五〇年代，滿足了自私的人類的口慾，也造成了許多深海魚類瀕臨滅亡，一直到保育團體、人士站出來呼籲不要再獵殺，才減少了魚皮和魚翅在餐桌上出現的頻率。

像辦桌師傅開出來的菜單，只要有「白菜魯」就會用到魚皮，有「佛跳牆」同樣要用到魚皮，或甚至更高級、價碼貴的也一定會加入魚翅。魚皮、魚翅可以凸顯當時請客主人的身分，而客人除了覺得有面子，更覺得是難得的養生料理。魚皮、魚翅本身並沒有什麼味道，一定要有高湯煨，或像火腿、香菇這類香氣十足的食材來襯，才入得了口。

現代科學越來越進步，取代膠原蛋白的東西越來越多，魚皮和魚翅當然就不再是菜單上常用的食材了，物以稀為貴自然也是原因之一。

火腿

古代因為沒有冰箱，將新鮮的食材加以鹽漬醃製或脫水是防止食材腐敗的方法之一，火腿就是一個代表。

中國火腿最有名的是「金華火腿」，在醃製時大都會將牛或豬、羊絞成肉泥，再添加澱粉或其他食品的添加劑，製成我們所謂的「洋火腿」。因製法不同、功能不同，料理也各有差異。

中國火腿在料理上最有名的是江浙一帶的「蜜汁火腿」，其他像廣東人喜歡在煲湯時加火腿，讓高湯的風味濃郁而鮮美，還真是神仙美味！

至於洋火腿的多樣和西方的飲食有關，可做三明治、可當紅酒的下酒菜，而到了東方，則又變成炒飯、烤蛋的絕佳配角！

挑選洋式火腿時可直接要求店家來個樣品試吃，因為入口就可以知道是不是自己要的口味。但中式火腿鮮少人生食，所以多半靠鼻子嗅聞來察覺醃製的氣味是否合宜？時間夠不夠？通常越陳越香，跟酒一樣。

只要放置得宜、未受潮，火腿切開時的色澤一定紅艷且風味十足、香氣四溢！

蝦米

來自大海的蝦米，是比較大的蝦子經過曬乾處理製成的。使用蝦米時，要先用水洗乾淨後泡開，然後連同泡過的水一起留著使用。

廣東人喜歡用蝦米來做粥底，台灣人用它來煮白菜魯或各種的湯頭，或當油飯、各式各樣台式糕點的調味。蝦米的甘甜、鮮味僅次於干貝，所以一直是家庭必備的乾貨，著名的「開陽白菜」就是道清爽宜人的蝦米代表作。

蝦米泡水過後、使用時，必須經過油爆才能使蝦米的香氣充分釋放。像**XO**醬也是以蝦米和干貝為主要材料製作的油爆醬料，在燙過的青菜上淋一些，香味就傳千里！

蝦子製成蝦米後有許多分類，小體型的是「宋米」，但質優香味夠，極乾燥無殼，是做粽子最佳的材料之一，價格也往往是普通蝦米的兩倍。最便宜的是蝦皮，沒肉只感到蝦殼的存在，但在鍋中乾煸後香味倒是不錯，豆漿店往往拿來當鹹豆漿的配料。

另外，還有中蝦或大蝦，但現在已少見了，那是可以拿來乾啃的好零嘴，小時候在店裡嘴饞時吃不到干貝就會順手拿個大蝦來啃，但常被媽媽喝止，通常太乾了要嚼很久。

海蜇

口感清脆的海蜇是水母科。在乾貨店中扮演「涼拌之王」的角色，只要有小黃瓜，加上糖、醋，就可以讓它成為美味的涼拌菜。

海蜇營養極為豐富，含多種維生素和礦物質、零膽固醇、低脂高蛋白，是老少咸宜的好食材。但因價格不便宜，在當時並不是每家必備或平常會使用的食材，但一到過年過節，海蜇皮可是搶手貨。店裡的客人多多少少會買一些回家，配上小黃瓜、大頭菜、蘿蔔絲、大蒜、糖、醋，就是一盤高級涼拌菜了！

海蜇有海蜇頭和海蜇皮兩種，雖然是用大量的鹽醃製而成，挑選時要用手指掐看看，軟爛的買不得，海蜇頭脆度佳較好。

腰果、核桃、黑白芝麻、松子

糖製松子、腰果和核桃，往往是辦桌上拼盤的主角。經過油炸，撒上糖粉或用焦糖、麥芽糖熬過，就變成入口香脆，欲罷不能的小糖品。現代人提倡「每日三乾果，天天保健康」，但是乾果的油脂多，千萬不能吃過量。而且勿食用加工過的（如油炸或糖份過高、處理過的乾果），才能越吃越健康。

腰果非常適合用來煮湯，鮮甜美味，容易入口。黑白芝麻適合做甜品的配料，若在烹煮過的肉類上撒炒過的芝麻，又是不同的風味，可加分不少。

對乾果類過敏的人，一定要先試吃一顆，稍停數十分鐘沒有異狀後，才可以再吃，以避免過敏休克，尤其是腰果。

買堅果時一定要聞一聞，甚至要求試吃，因為許多人不知道堅果是營養高、但潮濕時又容易發霉的食材。外表不容易辨別，但吃後有苦味或土味、霉味皆是品質已有問題，所以買了後一定要放在乾燥恆溫的地方儲藏，最好冷藏。

花椒、八角、桂皮、胡椒

在烹調肉類和滷味時，加些香料可增添不少的香氣風味；它還有開胃去寒、理氣止痛的功能。以前台灣、閩南對香料非常陌生，但大陸外省幫來台後，許多滷味都用到了香料。從開始不被接受，到廣受大家的喜愛，其實經過了一些時間。尤其近幾年國外勞工朋友來台數量增加，香料的使用量越來越多，方法也越來越豐富，涼拌菜和湯頭裡也開始新添了香料。

其中，花椒在東南亞國家使用率極高，在中國大陸亦然。這個小小的香料，是牽動料理風味呈現的狠角色。沒有八角，哪來的台灣紅燒牛肉麵紅遍全世界？沒有肉桂，哪有西方國家的蘋果肉桂麵包？沒有胡椒，又哪來的胡椒蓮子豬肚湯呢？

西方國家現在利用新的科學方法來提煉精油，香料在此時更扮演了一個不可或缺的角色，對芳香療法貢獻良多。香料能吃又能用，功能顯然還有待更深入的開發。

還是老話！台灣氣候潮濕，為延長保存期，乾貨宜放入密封袋、密封罐或直接放入冰箱為上策！

挑選時，當然要嗅、看、摸、吃，嗅嗅香料味道、看看顏色、摸摸是否乾燥，吃吃看以免入口太辛辣或嗆鼻。

米粉

說新竹，沒提到新竹米粉怎麼成！新竹一邊有南寮漁港靠海，一邊有十八尖山，依山傍海，是個風很大的城市，所以又稱為「風城」。新竹最有名的特產——米粉，便因為這個風而產生。

米粉的製造方法是由福建傳入台灣。因為飲食的方便性，北方有麵條，南方人喜愛米食。將米製成麵條狀，攜帶、炊煮方便，客人來時更是方便，而且漸漸變成特殊節日或喜慶宴客時招待客人的必備食品。

一般人對米粉的認識僅止於新竹市面上賣的「炊米粉」，但小時候我家裡煮的、炒的米粉都是比包裝好的「幼米粉」粗多了。這粗米粉是新竹人習慣吃的「水粉」，剛開始時，新竹有名的就是水粉。新竹的風有利於吹乾又粗又溼的水粉，所以聞名全省。後來「炊粉」的技術壓出細條，用蒸籠蒸熟，蒸的台語叫做「炊」，所以也就取名為「炊粉」。

外縣市的人到「風城」來，都會帶幾包米粉回家當「伴手禮」。那時的南記行，米粉也很夯，位於中正路的倉庫有個大大的角落擺了許多米粉。我們家兩種米粉都賣，因為大部分的外來客會買「炊粉」，在地人則吃粗米粉，分得非常清楚。

米粉可炒可煮湯，非常方便。切阿米粉在新竹處處可見，但麵攤上的米粉不是南北貨店裡賣的曬乾、風乾的米粉，而是每日現做的新鮮帶潮的米粉，所以吃起來口味又不同。新竹市議會對面的英明街和大同路交叉口的「新大同飲食店」是我從小吃到現在的道地「切阿米粉」，每回到新竹都要去報到吃一回，否則會覺得很遺憾！

現在新竹米粉的生產者已經不多，因為台灣米價高漲、人工缺乏及第二、三代無人接手。因此許多業者從泰國進口，或用玉米粉製造來壓低成本，當然口感上的出入就大了。

好的米粉呈現淡奶黃色而不是偏白或透明，入口也沒那麼Q彈。家中置放要選陰涼處，免得受潮發霉。

筍乾

筍乾也稱為「筍絲」，價廉物美，老少咸宜。尤其是逢年過節時，家裡面肉食多、剩菜多，只要加筍乾一起滷一滷，就能變成人間美味了。台灣的筍乾（或罐頭裝的）有很多外銷日本。

筍乾有片狀、條狀、細條狀，筍茸的部分風味特別好，既鮮又嫩。台灣料理中的「封肉」常常加入筍乾，去油又解膩，很多時候盤內筍乾都吃完了，肉還一整塊沒人動呢！

買筍乾時，切記拿起來聞一聞，有刺鼻味、臭味都不好，太鹹也不行，愈乾燥愈能存放。

筍乾屬於高纖食材，腸胃不好的人最好適量食用，免得消化不良。

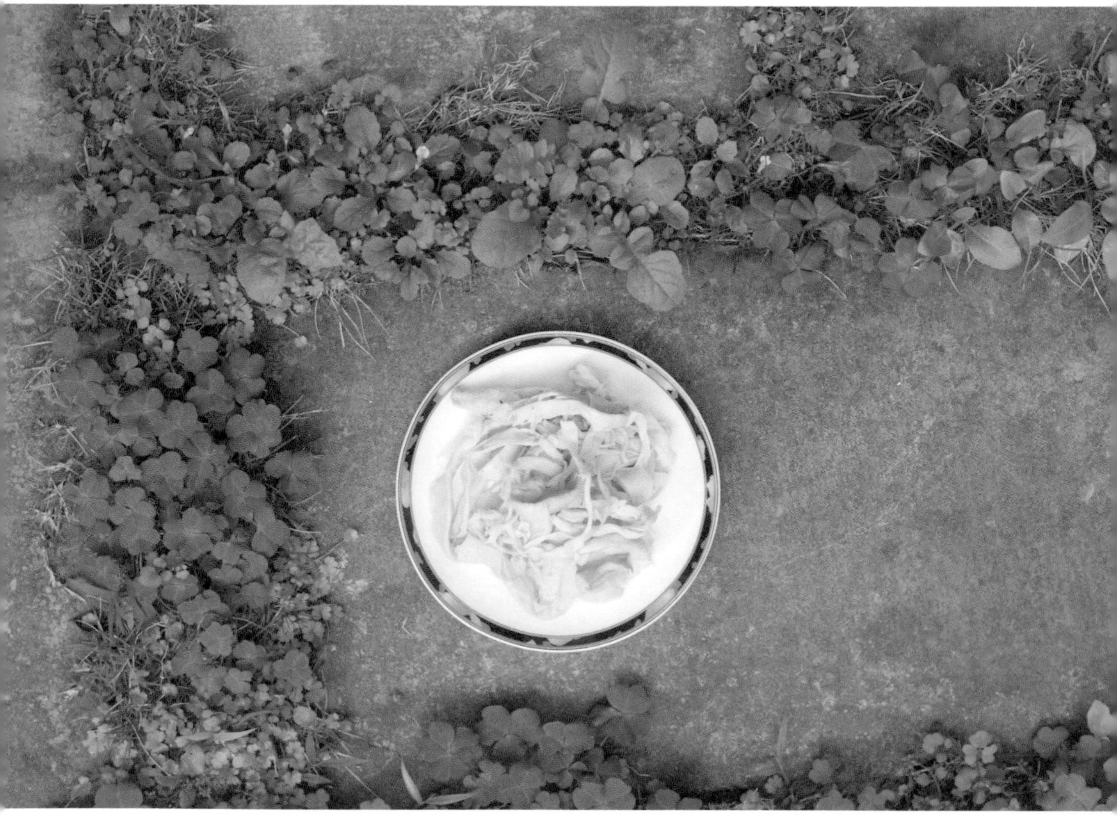

紅棗

紅棗、黑棗以往都來自大陸，他們喜歡用紅棗煮甜湯，台灣人喜歡用黑棗來進補，比較起來，食用紅棗的人較多。台灣也有紅棗產地，像苗栗的紅棗曬乾後，皮厚肉虛，與大陸的紅棗不太一樣。

棗能提高人體的免疫力，紅棗可以降低血清膽固醇，提升血清血蛋白，還能抑制癌細胞。它豐富的鈣和鐵，可以緩解貧血和骨質疏鬆症，在食療中常用，只是使用者手法不一、做法各異，也是當時「南記行」很暢銷的南北貨之一。

在老蔣戒嚴時代，棗可是登記有案的匪貨！但由於是一般人常用的大宗物資，所以常會有便衣或警察來巡查店裡是不是有賣這些商品，我們常為此和不知哪個單位的搜查人員捉迷藏！媽媽在這時都會搖頭叨念：「可憐的生意人，只為了賺幾文錢，要冒生命危險……」後來兩岸關係一開放，紅棗也變成了許多遊客去大陸旅遊必買的伴手禮。

顏色亮紅的紅棗有大有小，大的做甜點、棗糕比較有份量，果實肉多的小棗熬湯（薑湯）就很好喝了。年糕夾心的「心太軟」甜點，也美味得不得了！棗放潮了會發霉，所以購買後放冰箱較好！

黑棗曾盛行一陣子，台灣人進補坐月子都用黑棗，但現在市面上已少見且價格貴許多。

魷魚

之前提過父親最愛在冬天取暖時，用店裡的暖爐同時烤魷魚。此時，東門市場內的中廊頓時充滿了烤魷魚的香氣，是我一輩子都無法忘懷的味道。

魷魚是什麼時候都受歡迎的乾貨，在沒有冰箱的年代存放也方便。客家小炒，沒有魷魚不成，台菜魷魚螺肉蒜鍋少了它更是不行。新竹以前郵局旁邊的夜市有兩攤白水燙魷魚，沾點醬油、芥末，就美味到每天客滿。

乾魷魚要挑公的，公的比母的瘦長而厚實，泡過的口感也比較有嚼勁。家中拜拜時也常會拿來當三牲，非常好用。

台灣的乾魷魚大多從阿根廷、加拿大進口，市占率又以阿根廷最大，我們家常煮的海鮮飯，也是非它不可。乾魷魚在那個時代扮演著逢年過節不可或缺的角色。

常用的乾貨
1 2 3

烏魚子指的是雌性烏魚被開膛剖肚取出的卵巢，經過一定程序的鹽漬、脫水、曝曬、陰乾而製成的高貴食品。小時候常看到台灣總舖師來訂貨，辦桌菜單上有此食品，我和二姐都會稱之為「訂烏金的菜單來了」。

在四、五〇年代，烏魚子的地位並不低於魚翅，同樣是海產乾貨，但功能大不相同。烏魚子和鮑魚是拼盤的第一主角，魚翅是煲湯類的第一主角。但烏魚因為季節性的關係，只有在產卵的時期（接近秋末冬初），大陸沿海的烏魚會回游南下產卵，經過台灣海峽鹿港附近，再南下到屏東外海交配後折返北方，這期間烏魚的卵巢是交配前最成熟的階段，所以台灣的烏魚子特別肥厚且大，口感是其他地方的烏魚子沒得比的。日本人來台灣，如果適逢盛產季，一定會買個烏魚子當「等路」。

剛開始吃烏魚子的都是台灣人，後來慢慢的外省餐廳也有了烏魚子的訂貨。烹調方法其實很簡單，先用米酒拭擦表面，讓外層的膜因米酒浸潤而易於撕下來，再放入平鍋中（倒入約兩大湯匙米酒），開中小火，約十五～二十秒翻面一次。鍋中米酒乾後，表面邊緣呈金黃色即可快速離鍋，稍涼後再切片，搭配蒜白或生白蘿蔔片一起食用。米酒去腥，然後以適當火候烤，入口黏牙，是人間極品。每年年貨銷量在南記行都是數一數二。

還記得小時候，在店裡常聽到父親告訴客人「要挑鹿港的烏魚子，最好吃、油脂又很豐富。」而且鹿港人做的烏魚子在外觀上有一個特點——在烏魚子的頂端會留有比一般烏魚子都大的白膜，非常明顯。現在台灣市場的進口貨太多，烏魚子口味和小時候吃的真的有些不同。

烏魚子只要冷凍保存，很方便。但為期不宜太久，若太久，水會從油脂流失，影響烏魚子的口感。烤的時間也不宜過久，一旦焦了，那入口就只能吃到像其他魚仔焦脆的感覺，而無特殊之處。經典的烏魚子是入口時有點黏牙，魚香充滿口腔。

海帶

海帶生長在水溫較低的海中，是海藻類植物之一。自然生長、人工養殖的都有。外型似帶子且柔韌，所以叫做海帶。

主要產地在中國北部沿海，日本、韓國、蘇聯太平洋沿海。

海帶營養豐富，含碘和鈣質，具有治療甲狀腺腫大的功能；營養不良、貧血及高血壓或血脂過高的人都適合食用，老人家也說多吃海帶常保頭髮烏黑，但脾胃虛寒、甲狀腺亢進中碘過盛型的病人忌食！

在南記行的乾貨中，海帶是一年四季都不可或缺的乾貨，冬天宜燉排骨，夏天宜涼拌。

客人常會一把一把的購買，存放家中乾燥低溫的地方，長時間保存沒問題，是家中隨時方便拿來做菜的食材！

枸杞

枸杞是一種落葉灌木，南北貨、中藥舖裡賣的枸杞其實是它的果實，是中國著名的特產。大部分為野生，寧夏的枸杞則多是栽種的。主要產地還有甘肅、青海、新疆、內蒙古！

這個紅色小果實，根據明代李時珍《本草綱目》記載：「春採枸杞葉，名天精草。夏採花，名長生草。秋采子，名枸杞子。冬採根，名地骨皮。」古藥書《本草滙言》則寫道：「枸杞能使氣可充，血可補，陽可生，陰可長，火可降，風濕可去，有十全之妙用焉。」所以能滋補肝腎，益精明目。在南記行的銷售也是排行前幾名。

枸杞藥用、食補皆宜，可煮可炒，與任何食物幾乎都能搭配，入湯可提鮮甜，拌炒時能增添顏色，令人賞心悅目，我暱稱它是食材中的小天使！此外，下午時來一杯枸杞菊花茶，也是最適合用眼過度的現代人的保養品。

記得小時候中正路的家中種有一棵枸杞，外婆除了常採新鮮的種子在太陽底下曬幾個鐘頭，也會同時採嫩葉和曬好的枸杞一齊煎蛋，黃色的蛋中有紅有綠煞是好看，又有股特殊的香氣，是兒時難忘的回憶。但都市計畫開了經國路後，我家的花園被狠狠的徵收了一塊，這枸杞樹也從此消失不見了！

阿嬤的「手路菜」、媽媽跟大廚學的拿手菜、大嫂讓人想念的家常菜、我的年節養生快速料理，充滿了南記行永遠都散不去的味道……

第三章

我家的乾貨食譜

阿嬤的「手路菜」

韭菜芋包

這是四〇年代的好點心，如今也很少見到有人做這類的點心，一般人會做「芋棗」甜點而已。

食材：

大甲芋頭 1 個，挑大一些的（約 1 台斤），韭菜 200 公克，絞肉 1 大匙，蝦米切末 1 大匙，香菇切丁 1 小匙，油蔥 1 小匙。

調味料：

黃砂糖 1 大匙，素蠔油 1 匙，鹽、油少許，地瓜粉 1 大匙。

作法：

1. 芋頭切片蒸熟，趁熱加糖，搓揉成粉末狀，再加地瓜粉、油揉成條狀切成塊狀備用。
2. 熱鍋加油爆香菇和蝦米，加肉末、油蔥，再加入蠔油大火爆香，熄火加入切成小丁的韭菜拌炒幾下，馬上起鍋盛碗備用。（韭菜易熟，所以韭菜下鍋拌炒時就要熄火，以免過熟沒口感）
3. 將芋頭壓成圓片狀，將炒好的餡料放入，再包搓成圓球狀後，壓平成芋頭餡餅備用。
4. 熱鍋加入少許油，再逐一煎成金黃色餅皮即可食用。

太白醉蹄

這道是阿嬤偶爾會做來加菜，或給爸爸的下酒菜。尤其是夏天宴客時，大門一打開，我們就知道有這道菜了，因為當歸和酒香是騙不了人的！

食材：

豬腳 1 隻（如果全是蹄子更好）。

調味料：

當歸 2 片，米酒半瓶，白糖 1 大匙，鹽 2 匙，魚露 2 匙。

作法：

1. 豬腳用熱水燙過後加鹽和水，煮到豬腳熟透，外皮呈現軟 Q 狀（用快鍋只要 15 ～ 20 分鐘），用冷開水洗一下，撈起備用。
2. 白糖、米酒先一起攪拌，再加入一些煮豬腳的湯汁（要放涼），等白糖溶化後才放入當歸和豬腳浸泡，放在冰箱冷藏，2 天後取用最是美味。

大蒜鹹蛋燉肉

每次帶便當有這道菜時，往往班上的同學都會羨慕得垂涎三尺。因為便當盒一打開，那特殊的蛋和瓜仔肉的香氣，實在是很開胃的啦！

食材：

鹹蛋 3 個，蒜頭數瓣拍開去皮，絞肉 300 公克，醃瓜 1 小條切碎，板豆腐 1 塊，毛豆數十顆。（以前雜貨店沒賣熟鹹蛋，現在是沒人賣生鹹蛋，偶爾可以看到冷凍的生蛋黃）

調味料：

白糖 1 小匙（或用米醂取代，在四〇年代，大家不是用糖就是用味精）。

作法：

1. 鹹蛋切成細塊，糖、水、絞肉和醃、瓜毛豆攪拌均匀。（留半顆鹹蛋，等蒸肉時舖在上面就美極了）
2. 用比較有深度的小碗公，先將豆腐放置於碗底，再將拌好的絞肉鋪上，上面再放鹹蛋黃和大蒜。
3. 在電鍋中蒸約 15~20 分鐘，即是香味撲鼻的便當菜了。

日光瓜雞湯

在那個年代，食材很簡單，能「當桌布，也能當禮數」（請用台語說說看）的，就數這道湯了。

食材：

日光牌脆瓜罐頭1罐，仿雞（半土雞）半隻（烏骨雞更好），蔥段1匙，紅蘿蔔切花數片。

調味料：

老薑2片。

作法：

1. 日光瓜罐頭連湯帶瓜一整罐，雞肉加水淹過煮開（湯滾過，開中小火煮12分鐘）、再加蓋燜30分鐘，要食用前再熱湯。
2. 盛碗前加入薑片和蔥段，是提鮮的好妙招！味道鮮美，食材方便取得，做法簡單，是老少咸宜的家庭好口味！大家不妨試一試。

媽媽跟大廚學的拿手菜

蒜苗紹興土魠魚

土魠魚一般是抹薄鹽、油煎，但有大蒜和紹興酒的加持，就會變成一道更開胃的魚料理。

食材：

大蒜斜切、蒜白和蒜尾分開，土魠魚 1 片，辣椒 1 根。

調味料：

鹽少許，紹興酒 2 大匙，麻油 1 匙，水 1 小碗，米酬 1 小匙。

作法：

1. 土魠魚洗淨擦乾、抹上薄鹽，麻油倒入熱鍋，土魠魚煎到兩面金黃色，撒上水和紹興酒煮滾再加入蒜白。
2. 起鍋前再加入蒜尾和辣椒稍微拌一下，就是特殊的土魠魚口味。

薑香麻油燜雞

　　不論平時宴客或春節聚餐，薑香麻油燜雞都是方便事先料理好、又受歡迎的好菜。風味絕佳而且也是產婦月子食用的佳肴，功效不輸麻油雞！

食材：

仿雞 1 隻。

調味料：

鹽 3 小匙，麻油 3 湯匙，薑 200 公克。

作法：

1. 用鹽將整隻雞抹勻，連雞肚子裡也要抹。
2. 麻油爆香老薑（不去皮）成金黃色。將約 1/3 爆香薑片放入雞的肚子內，放置約 30 分鐘。
3. 用麻油和薑熱鍋，放入全雞，鍋蓋要蓋住，反覆翻面以免局部燒焦，等外皮呈現金黃色，用尖物刺雞腿部份，若沒血水就代表雞煮熟了。但還要蓋鍋 15 分鐘後，再取出香噴噴的燜雞。

紅燒圓貝海參

雖然紅燒圓貝海參的食材比較繁複，但多層次的口味，也是紅極一時的大菜。

食材：

海參 3 隻，干貝 10 個，蒜頭不去皮 1 匙，肉片少許，荸薺 100 克，蔥段 1 匙，紅蘿蔔 1 匙，綠花椰菜 1 顆。

調味料：

蠔油 1 匙，鹽、糖少許，麻油少許，白胡椒少許，紹興酒 1 大匙。

作法：

1. 荸薺對切，海參切長條狀（易於入口的大小）。
2. 干貝放入碗裡、加水蒸 10 分鐘，蓋鍋燜 20 分鐘，連蒸的水取出備用。
3. 蒜頭用油先炸過，剩油則用來煎干貝，呈金黃色時盛起備用。
4. 鍋中入蠔油、鹽、糖、紹興酒、水少許，煮滾加炸好的蒜頭、海參、肉片、荸薺、紅蘿蔔一起煨 3 分鐘左右後，再加花椰菜及已煎好的干貝、蔥段，快炒幾下、淋上麻油，這道顧胃養肝的養生料理便完成了。

魷魚螺肉蒜鍋

螺肉罐頭中的汁液是此湯鍋的精華，燒甜的湯汁是那個辛苦年代許多人的偏好，而且也是酒家每天必備的鍋品，代表的是身分和地位，大家不妨試試看。

食材：

魷魚1隻，大蒜2支，瘦豬肉片1碗，螺肉罐頭1罐，小香菇、粗管的芹菜少許。

調味料：

高湯1大碗，米酒1小杯，太白粉少許。

作法：

1. 魷魚泡軟、去除身上的薄膜，切成寬條狀備用。香菇泡水備用，豬肉片乾黏太白粉，用滾水燙過備用。
2. 切好魷魚和香菇先過熱油備用。
3. 先用螺肉汁高湯一起烹煮，湯滾後加入香菇和魷魚，米酒也一起入鍋去腥。
4. 湯再煮滾，此時先加豬肉片、螺肉，然後撈出湯中飄浮的雜物，再加切好的蒜白和蒜尾、芹菜馬上起鍋，就是四、五〇年代酒家中當紅的螺肉蒜鍋了。

大嫂讓人想念的
家常菜

邱家炒米粉

喜愛洋蔥或青蔥、綠豆芽菜者，可換換口味，口味家家不同，新竹人就是愛米粉。

食材：

米粉（略粗）、高麗菜、紅蘿蔔、炸好紅蔥頭少許，蝦米 1 匙，香菇絲 1 大匙，肉絲 1 小碗。

調味料：

烏醋 1 匙，鹽少許，香菇醬油 1 大匙，白胡椒粉少許，香油少許，水。

作法：

1. 起熱鍋，加油爆香菇、蝦米、肉絲，再加入醬油、胡椒粉和部分紅蔥頭拌炒。馬上起鍋備用。
2. 鍋子不用洗，放入高麗菜、紅蘿蔔、水一起煮滾並調好味道（加鹽和醬油少許、烏醋）並將先用熱水燙過的米粉一起在鍋中煮滾收汁、加入之前先炒過的配料，再拌炒一下，熱騰騰香噴噴的邱家大嫂米粉就上桌了。

蚵仔煎

蚵仔煎在全台各地都有賣（只要有夜市、市集），是一道吃醬的小吃，醬料作法很重要，各家不同的甜辣醬是吸引人的最主要原因。各家沾醬不同，形成不同的美味。這種討喜的口味大概只有台灣人的智慧才想得出來。

食材：

鮮蚵半斤，雞蛋 3 個，小白菜切 1 碗，青蔥丁 1 大碗。

調味料：

工研味噌 1 小包，白糖 1 匙，台式甜辣醬 1 罐，白胡椒少許，太白粉 1 小碗。

作法：

1. 將味噌、甜辣醬加水和糖，先煮成醬料備用。太白粉加胡椒粉加水調成稀狀備用。
2. 用大平鍋加少許油熱鍋，再放入鮮蚵一碗、散布於煎鍋，加上太白粉（入鍋前要攪拌一下），再打雞蛋，然後放上小白菜和蔥花，再淋一匙液狀太白粉，翻面聞到蛋香味時，就表示兩面都熟了，可整盤淋醬。

白菜魯

白菜魯怎麼吃都不膩，大家不妨好好學起來，隨時都可大展身手、博得讚美。嗜辣者，可加根新鮮辣椒。

食材：

大白菜1個，蝦米1匙，魚皮1碗，肉絲1小碗，蒜頭10瓣（不去皮），香菇1大匙（泡開），扁魚炸好1小碗，香菜1小碗，紅蘿蔔切片1小碗，鮮蝦數隻。

調味料：

米酒1小碗，素蠔油1匙，麻油1大匙，魚露少許。

作法：

1. 白菜用手剝開洗淨，魚皮洗淨（在生態環保的考量下，請用新鮮魚皮），紅蘿蔔切片狀。
2. 麻油爆香蒜頭（不去皮），蝦米、肉絲、鮮蝦加入魚皮、米酒、蠔油、魚露拌炒起鍋備用（不要洗鍋）。
3. 白菜、紅蘿蔔入鍋加水煮約5分鐘，加入炒好的備料及少許的扁魚，並調好口味，起鍋前再加入剩下來壓碎的扁魚末（要炸酥一點），並加入香菜、淋上香油，這樣百吃不膩的白菜魯就可以上桌了！

燒酒雞

這道燒酒雞可是許多人從海外回到家裡吃飯時必點的。滾熱的酒香湯汁拌白飯吃，說有多迷人就有多迷人！

食材：

紅棗 12 個，枸杞 1 小匙，土雞 1 隻。

調味料：

米酒 3 碗，2 號砂糖 1 匙，烏麻油 1 匙，當歸 2 片，老薑 1 小碗，黃耆、蔘鬚少許。

作法：

1. 麻油煸老薑再炒土雞，加糖、雞皮稍呈金黃色就加入米酒、紅棗、當歸、枸杞、黃耆、蔘鬚，關小火煮約20分鐘，熄火燜 1 小時。
2. 隔夜熱了吃，味道更好。不勝酒力的人，吃之前加水再煮開就可以了。
3. 燜了以後，酒香和中藥的味道全進了雞肉裡。在家時間充分時，燜一個晚上，那滋味就和店家現加的白雞肉大不相同。

我的年節養生
快速料理

好彩頭筍片雞湯

因為冬天只有冬筍，價格又貴，所以以曬乾的筍片或扁尖筍是另一種奇妙美味的湯品，大家不妨試試！如果是不吃辣的朋友，可以用陳年老蘿蔔乾來取代剝皮辣椒，風味一樣超優。

食材：

小土雞 1 隻、扁尖筍 6 個或乾筍片少許。

調味料：

剝皮辣椒 1 匙（可多可少，請依個人喜好放入，但其湯汁不可少）　。

作法：

1. 扁尖筍先泡開切段，和土雞及剝皮辣椒湯汁一起煮 12 分鐘。
2. 再加入剝皮辣椒煮 5 分鐘，湯滾熄火，燜約 1.5 小時。
3. 要食用前再煮滾約 5 分鐘，就是肉嫩湯美味的筍片湯了。
4. 喜歡蘿蔔口味的，也可添加蘿蔔數塊一起煮，在年節時就可贏得好彩頭。

金銀財寶紅翻天

千燒豆腐萬煲湯，豆腐是銀、黃魚是金，番茄的茄紅素是燒熬出來的，毛豆營養豐富，這是老少咸宜的口味，也應了新年「年年有餘」的期許。

食材：

黃魚 1 條、毛豆 30 克、洋蔥 1/2 個、小番茄數顆、筍乾少許、板豆腐 1 塊、金針菇少許。

調味料：

日本進口香菇醬油 2 匙、油 3 大匙、冰糖 1 小匙、鹽少許。

作法：

1. 番茄燙過去皮，金針菇洗淨切段，毛豆燙過去皮，筍乾泡開切段。
2. 板豆腐切厚片抹鹽煎，黃魚抹薄鹽，一起煎成金黃色備用。
3. 鍋中餘油放入洋蔥，炒到香氣出來，再加入切丁番茄、毛豆、筍乾段一起拌炒約 5 分鐘。
4. 續入醬油和水 2 碗，水開後即入豆腐和魚燜煎 15 分鐘，便可盛盤上桌。
5. 起鍋前再加入洗淨的九層塔或香菜，養顏美容的金銀財寶紅翻天就大功告成了。

節節高升甘蔗蝦

加入甘蔗的蝦，鮮甜度會加分。甘蔗是節令的食材，能潤喉滋肺，且有新年喜氣，也應了中國人的諺語「節節高升」之意。

食材：

食材：蝦去殼留尾12隻、培根12片、蘆筍12段、甘蔗去皮切成長條狀（長片6片對切，成12支）、玉米筍數條。

調味料：

大蒜奶油1匙。

作法：

1. 先將蘆筍、玉米筍入滾水川燙。
2. 蝦去沙腺洗淨擦乾，用培根包起，蘆筍與甘蔗也一起包入，成圓筒狀。
3. 再用牙籤從封口處固定，在鍋中煎時，食材才不會脫落。
4. 小火煎到培根出味，再轉中火讓培根成金黃焦狀，會更可口。
5. 起鍋前加大蒜奶油，更添風味。

陳皮黃金五花肉

陳皮可讓肉質轉嫩且更滑口，其他香料和酒氣的香氣，則可使五香肉的油膩和腥味變不見，有別於一般的滷肉。佐各類涼拌小菜更是下飯，滷蛋可泡在剩下的滷汁中，隔天再吃，更是皮Q多汁不膩人。如果買的是黑豬肉，滷的時間可要1小時以上。

食材：

五花肉1塊（約300克）、蛋10個（鴨蛋更好）、小黃瓜2條、蘿蔔半條。

調味料：

米酒半碗、水半碗、醬油1碗、冰糖1湯匙，中藥鋪買桂葉、小茴香、陳皮三樣少許，用滷包袋裝好。

作法：

1. 五花肉洗淨，米酒、醬油、水、冰糖和香料一起滷，水開後轉小火燜蓋滷40分鐘。
2. 掀開看滷汁，若已剩下約1/2碗的量，便關火燜約10分鐘。
3. 取出切成薄片狀，佐小黃瓜涼拌或蘿蔔絲涼拌。
4. 蛋煮熟、去殼，一起下鍋滷即可。

透抽糯米團圓飯

　　這道菜是混合了中式、義式美味的誘人料理，香料可隨個人喜好添加，披薩所用的香料都很適合。

食材：

透抽 2~3 條、煮熟的糯米飯 1 大碗。

調味料：

奶油少許、蒜片少許、白酒少許、羅勒葉。

作法：

1. 將糯米飯塞入已洗淨的透抽中，頂口處用牙籤串好，免得煎時米飯外露。
2. 取平底鍋，輕抹奶油，先煎蒜片，再放入透抽兩面煎。起鍋前可撒上少許乾的羅勒葉，美味十足的海鮮捲飯就完成了。
3. 烹調的空檔，可以準備一些季節蔬果，擺盤時隨興加入，爽口又悅目。

翡翠烏魚子拼盤

　　這道菜珍貴又討喜，過年過節常出現在我家飯桌上。青翠的龍鬚菜配上明太子和其他冷盤食物是超搭的組合。大家不妨試試！最重要是要注意煎烤烏魚子時不要過火，要入口能黏牙才是上品。

食材：

烏魚子 1 片、龍鬚菜 1 把、蒜苗 2 根、明太子少許、白蘿蔔、大黑豆 1 匙。

調味料：

米酒 2 匙。

作法：

1. 將棉花沾米酒抹於烏魚子外皮，較容易除去烏魚子外層的膜，也可去除腥味。再將剩餘米酒放入平底鍋，同時將去膜後的烏魚子入鍋、開小火，將烏魚子反覆翻面，直到米酒乾了、烏魚子稍有焦面，立即離鍋待涼。烏魚子切斜片，蘿蔔切薄片，蒜苗切斜長形，一起交叉擺盤。
2. 龍鬚菜（蔬菜）滾水川燙，撈起後過冰水，待涼後用手揉成小丸狀，上面放明太子、大黑豆，最後排列擺盤即大功告成。

十全十美好黏錢

黏錢是過年時我家必備的年菜，每人吃一口，天天把錢黏回來。是過年時美味而意義深遠的年菜。

食材：

芋頭 250 克、香菇丁少許、豬肉少許、蝦米 1 小匙、胡蘿蔔 1 小匙、地瓜粉 150 克、香菜、芹菜、油蔥各 1 小匙。

調味料：

水 150 克、油 3 大匙、鹽 2 小匙、米酬 1 小匙、胡椒粉 2 小匙、醬油 1 大匙。

作法：

1. 先將芋頭切小塊，香菇、豬肉切丁、蝦米切細，地瓜粉加胡椒粉和鹽調水備用。
2. 油下鍋，熱油爆香菇、肉丁、蝦米、油蔥、芋頭，炒到香味出來，加入醬油拌炒 2 分鐘後加水將食材煮開，便可放入調好的地瓜粉水。迅速大翻炒（此時可將火關小，直到變成黏狀再加入香菜和芹菜），「黏錢」就完成了（成透明狀）。

開心蛤蜊長年菜

蛤蜊有鮮美的海水鹹味，加上翠綠可口的長年菜梗、枸杞的甜度，色彩對比鮮豔又美味可口，是過年不可少的年菜！

食材：

蛤蜊半斤、長年菜梗 6 片、枸杞 1 小匙。

調味料：

麻油少許、老薑切絲少許。

作法：

1. 長年菜梗川燙、燒滾 1 分鐘，撈起備用。
2. 蛤蜊買回泡水、去沙，備用。
3. 將燙好的長年菜梗置於有深度的盤中，再將蛤蜊擺進盤，薑絲和枸杞同時放入。
4. 鍋中水煮開，將食材放進蒸約 2~3 分鐘，可掀蓋看看，蛤蜊若開口，即可淋上麻油。

四季如春水果盤

水果可因應季節變化挑選，但顏色和沙拉醬要有所變化。每家的口味都依掌廚大師而不同。只要用心、用愛，不管男女老少都能讓家中的大廚做出最適合家人的口味。

食材：

綠色鮮棗4顆，蘋果2顆，草莓8個，柳橙4個，1匙葡萄乾，1匙堅果。

調味料：

草莓優格1碗，優酪乳1小瓶，果醬（自己家人喜愛的口味）。

作法：

1. 取柳橙果肉，草莓洗淨對切，蘋果去皮或不去皮皆可，綠棗一個切成4片
2. 草莓優格+優酪乳+果醬拌一拌，淋在已擺盤的水果上，就是養眼又美味的沙拉盤了。當然最後別忘了加營養又元氣的葡萄乾、堅果。

黃金福袋炸年糕

不知道如何變化年糕吃法的朋友請好好學這道，保證男女、老少都超愛，若嫌有些膩，可以搭配自己醃製的水果，一方面解膩一方面又可降火氣，是討喜的甜品之一！

食材：

甜年糕、餛飩皮、黑芝麻少許。

調味料：

梅粉少許，或自己醃製的應節水果少許。

作法：

1. 年糕切小塊，用餛飩皮對角包，像包福袋一樣。
2. 把包好的餛飩年糕用熱油炸至金黃色，起鍋撒黑芝麻、梅粉，口味特殊而新奇。

桂花蜜棗心太軟

這是老少咸宜的甜點，好吃又好做。過年家中備有紅棗就可以做做看。

食材：

紅棗 20 顆，湯圓 20 顆（白色）。

調味料：

蜂蜜 1 匙（或桂花糖），2 號砂糖（或麥芽糖）1 匙。

作法：

1. 紅棗切開不切斷、取出核，再將湯圓塞進紅棗。
2. 熱水煮開再放入紅棗蒸約 3~4 分鐘（看紅棗大小）。（或用電鍋蒸熟）
3. 取出紅棗待涼備用。
4. 將糖在鍋中炒熱溶化，放入紅棗煮約 1 分鐘，再放入蜂蜜（或桂花糖）就可盛盤了。過程中要不斷攪拌才不會焦掉。

嬌顏幸福甜湯

這個甜湯，四季皆宜，尤其是膚色不好的人更是可以常吃。冬天可再加些紅棗，暖乎乎的熱甜湯，入口幸福感十足。夏季更是冰甜品的極品。

食材：

紅棗 10 顆、白木耳 1 兩、桂圓肉 100 克、枸杞 1 小匙、蘋果 1 個。

調味料：

白糖少許。

作法：

1. 白木耳泡約 5 小時，用快鍋煮約 1 小時（白木耳的濃稠度看個人喜好，愛脆的就不用快鍋，可先泡水）。
2. 待涼後打開快鍋蓋子再加入桂圓肉、蘋果，小火再煮約 5 分鐘。此時不要用快鍋燜蓋，直接煮即可。如果家中沒有快鍋，就要在水煮開後放入白木耳（水多出 1.5 倍），熬煮 3~4 個小時，才能將白木耳的膠質都煮出來。
3. 最後加入枸杞試口味，甜味如不夠再加糖。因紅棗與桂圓肉都是甜的，白糖不要一次放太多，免得過甜。甜湯冷食或熱食皆可。

後記

我從小看著父母、兄姐顧店，也常常在店裡幫忙、跟著夥計去送貨、看著外婆和媽媽掌廚煮飯，所以瞭解許多生意經、美食料理。

搬到台北後，為了家人的健康，我成了家庭煮婦。有空時，我也擔任烹飪老師，並且偶爾在報紙等媒體發表健康養生創意料理，目的不外是想讓更多人懂得如何吃得健康，畢竟沒有健康的身體，一切都是奢談。

南北乾貨是我常常會用到的食材，最為特別，它們通常都需經過繁複、仔細的製作、保存才能拿來烹調。其中蘊含了許多前人、製作者的心力、經驗，非常珍貴。

很多人只知道乾貨是傳統年節不可或缺的必備應景食材，是一般家庭多少會貯存，以備不時之需的食材與調味品，卻不知道某些乾貨食材甚至比新鮮食材的營養價值還高。希望這本書能拋磚引玉，讓大家重新發現乾貨的真正美味，並從中汲取值得傳承的人生智慧。

LOHAS・樂活

南記行的乾貨傳奇

2015年6月初版　　定價：新臺幣350元

著者　邱明琴
發行人　林載爵

叢書主編　林芳瑜
美術設計　劉亭麟
攝影　王弼正
整稿　張幸美

出版者　聯經出版事業股份有限公司
地址　台北市基隆路一段180號4樓
編輯部地址　台北市基隆路一段180號4樓
叢書主編電話　(02)87876242轉221
台北聯經書房：台北市新生南路三段94號
電話：(02)23620308
台中分公司：台中市北區崇德路一段198號
暨門市電話：(04)22312023
台中電子信箱　e-mail：linking2@ms42.hinet.net
郵政劃撥帳戶第0100559-3號
郵撥電話：(02)23620308
印刷者　文聯彩色製版印刷有限公司
總經銷　聯合發行股份有限公司
發行所：台北縣新店市寶橋路235巷6弄6號2樓
電話：(02)29178022

行政院新聞局出版事業登記證局版臺業字第0130號

本書如有缺頁，破損，倒裝請寄回聯經忠孝門市更換。　ISBN 978-957-08-4573-0 (平裝)
聯經網址：www.linkingbooks.com.tw
電子信箱：linking@udngroup.com

文化部 MINISTRY OF CULTURE, TAIWAN　本書由文化部補助出版發行

國家圖書館出版品預行編目資料

南記行的乾貨傳奇/邱明琴著．初版．臺北市．
聯經．2015年6月（民104年）．184面．15.5×22公分
（LOHAS · 樂活）
ISBN 978-957-08-4573-0（平裝）

1.糧食業 2.飲食風俗 3.食譜

481.4 104008559

The Dry Goods Legend of Nan Chi Hang

Published by Linking Publishing Company, Taiwan

Photographer: PI CHENG WANG

The first book on dry goods of Chinese daily life!
In the past, business dealing and everyday life involved reciprocities, interactions and friendships which can't be found in modern society, and that's why we are drawn to take a nostalgic look to the sweetness of life preserved in our memories.

Nan Chi Hang, located at Dongmen Market, used to be the largest dry goods store in Hsinchu, with customers from northern and central Taiwan. The hospitality and integrity of this two-generation store remained unchanged.

The author recalls her childhood memories, telling us the bonding with customers, the trivial routines of running a store, the signature goods of Nan Chi Hang, and the celebrities frequenting the store, which gives us a glimpse of Taiwanese life in the period of economic takeoff.

In the meantime, as a family member running a dry goods store, she introduces us a variety of delicacies, such as century egg, wood ear, lotus seed, golden needle, sea cucumber, dried tendon, cellophane noodle, shiitake, star anise, cinnamon, rice noodle….She shows us how to choose, preserve and cook them, reminding us they can be simple, everyday dishes.

24 dry goods recipes are also included, such as Grandma's taro dumpling with Chinese leek, Mom's squid and sea snail stew with garlic leaf, Aunt's stir-fry rice noodles, the author's own karasumi plate…. From these delicacies, we can almost smell the fragrances of Nan Chi Hang and hear the sounds of old market.